高等职业教育机械类专业系列教材

机械零件数控车削加工与实训

主　编　张福荣

副主编　张建新　吴　亚

参　编　张　琳　邓朝结

机械工业出版社

本书针对市场主流的 FANUC 0i 数控系统，依据国家职业技能标准要求，通过十个项目，讲述了数控车床基础知识、常用车工量具的使用、数控车削加工工艺基础、数控车削编程基础、数控车床基本操作方法、轴类零件的加工、孔槽类零件的加工、螺纹类零件的加工、非圆曲线特形面的加工、综合零件的加工等内容。

本书以项目为载体，阐述了数控车削类典型零件从图样到"产品"的全部工作过程所需的知识、技能及职业素质要求，按照任务描述、知识准备、任务实施的方式展开，讲练结合。每一个项目都配有习题，内容明确，可操作性强，对学生实训过程起引导和指导作用，实现了教材和实训报告的有机结合。

本书可作为高等职业院校数控技术专业、机械制造专业、模具设计与制造专业的数控车削加工"教、学、做"一体化教材，也可作为企业技术人员的参考、培训用书。

图书在版编目（CIP）数据

机械零件数控车削加工与实训/张福荣主编. —北京：机械工业出版社，2019.6（2023.1重印）

高等职业教育机械类专业系列教材

ISBN 978-7-111-62912-2

Ⅰ.①机… Ⅱ.①张… Ⅲ.①机械元件-数控机床-车床-车削-高等职业教育-教材 Ⅳ.①TH13②TG519.1

中国版本图书馆 CIP 数据核字（2019）第 110927 号

机械工业出版社（北京市百万庄大街22号 邮政编码100037）
策划编辑：汪光灿　责任编辑：汪光灿　赵文婕
责任校对：李 伟　封面设计：张 静
责任印制：张 博
北京建宏印刷有限公司印刷
2023 年 1 月第 1 版第 3 次印刷
184mm×260mm · 12.25 印张 · 301 千字
标准书号：ISBN 978-7-111-62912-2
定价：38.00 元

电话服务　　　　　　　　　网络服务
客服电话：010-88361066　　机 工 官 网：www.cmpbook.com
　　　　　010-88379833　　机 工 官 博：weibo.com/cmp1952
　　　　　010-68326294　　金 书 网：www.golden-book.com
封底无防伪标均为盗版　机工教育服务网：www.cmpedu.com

前　言

　　本书充分体现了数控车削加工的普遍应用，在编写中对教学案例和实训项目进行合理选择，将知识学习与应用相融合，并通过"项目—任务"式教学体现"能力发展与职业发展规律相适应、教学过程与工作过程相一致"的教学体系和模式，既具有先进性，又具有可操作性。本书在编写时突出中高职衔接课程改革理念，具有以下特色：

　　1. 教材编写突出应用性和实践性。以学生为主体，项目化引领组织教学的形式编写，使学生的学习过程与职业工作过程相一致，学习结果是产品。

　　2. 在教学过程中以完成具体工作任务为目标，在教师引导下，学生通过自主学习、讨论，参照书中给出的项目引导案例提出自己的解决方案，拟订合理的加工工艺，编写正确的加工程序，并依据数控车床操作与工件加工工艺过程完成零件的加工。

　　3. 体现中高职衔接理念，创新教材编写风格。本书在编写时体现"做中教、做中学"和行为导向的职业教育教学理念，操作步骤要点突出，编程案例经典翔实，操作部分的插图以截图为主，直观清晰。

　　本书的教学内容及参考学时见下表。

项　目	教学内容	参考学时
项目一	数控车床基础知识	4
项目二	常用车工量具的使用	4
项目三	数控车削加工工艺基础	8
项目四	数控车削编程基础	8
项目五	数控车床基本操作方法	4
项目六	轴类零件的加工	8
项目七	孔槽类零件的加工	4
项目八	螺纹类零件的加工	8
项目九	非圆曲线特形面的加工	8
项目十	综合零件的加工	8
合　计		64

　　本书由张福荣担任主编并统稿。其中项目六、七、附录由张福荣负责编写，项目一、二、五由张建新编写，项目四、八由吴亚编写，项目九、十由张琳编写，项目三由邓朝结编写。在本书编写过程中，苏州金鸿汽车部件股份有限公司苏添入、张家港沙工东力机电设备制造有限公司生产部钱德锋、苏州爱得科技发展有限公司王志强对编写工作提出了宝贵的建议，在此表示衷心的感谢。

　　由于编者水平有限，书中不可避免地会有一些疏漏，敬请读者多提宝贵意见。

编　者

目　录

项目一

数控车床基础知识

知识目标

1. 掌握数控车床的基本组成、分类和结构布局
2. 了解数控车床的加工特点、操作规程及养护方式

一、数控车床的基本组成及各部分作用

数控车床的种类很多，但任何一种数控车床都是由加工程序、输入装置、数控系统、伺服系统、辅助控制装置、反馈系统及机床本体等组成，图1-1所示。

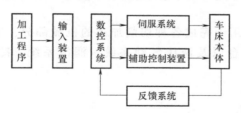

图 1-1 数控车床的基本组成

1. 加工程序

在数控加工过程中，通过编制加工程序对数控车床进行控制，不需要人工直接操作车床。加工程序存储着加工零件所需的全部操作信息和刀具相对工件的位移信息等。加工程序可存储在控制介质上。可以利用键盘直接将程序及数据输入数控系统中（手工编程），也可以利用 CAD/CAM 软件在其他计算机上生成程序然后导入数控系统中（自动编程）。

2. 输入装置

输入装置包括面板键盘、显示器、软盘驱动器和存储卡等设备，其作用是将控制介质上的加工程序变成相应的电脉冲信号，传递并存入数控系统中。面板键盘和显示器是数控系统不可缺少的人机交互设备，操作人员可通过键盘输入及显示器显示程序，编辑程序和发送操作命令等。手动数据输入（Manual Date Input，MDI）是最重要的输入方式之一，面板键盘是 MDI 中最主要的输入设备。

3. 数控系统

数控系统是具有专用系统软件的微型计算机系统，是数控车床的核心。它由 CNC 单元、可编程逻辑控制器（PLC）、输入/输出接口线路、控制运算器和存储器等构成。它接受控制介质上的数字化信息，经过控制软件或逻辑电路进行编译、运算和逻辑处理后，输出各种信号和指令控制车床的各个部分有序地运动或动作。

4. 伺服系统

伺服系统是数控车床的执行机构，由驱动装置和执行部件两部分组成。它接受数控系统的指令信息，并按指令信息的要求控制执行部件的进给速度、方向和位移，以加工出符合图样要求的零件。

5. 反馈系统

测量元件将数控车床各坐标轴的位移指令值检测出来并经反馈系统输入到车床的数控系统中，数控系统对反馈回来的实际位移值与设定值进行比较，并向伺服系统输出达到设定值所需的位移量指令。

按照检测元件安装位置的不同，可将反馈系统分为开环反馈系统、半闭环反馈系统及全闭环反馈系统。检测装置是高性能数控机床的重要组成部分。

6. 辅助控制装置

辅助控制装置的主要作用是接收数控系统输出的主运动启停、换向（M功能）、变速（S功能），刀具的选择和更换（T功能）及其他辅助装置动作等指令信号，经过必要的编译、逻辑判别和运算，通过功率放大后直接驱动相应的执行机构，带动车床的机械部件、液压装置、气动装置等辅助装置完成指令规定的动作。辅助控制装置主要由换刀、冷却、排屑、防护、照明等一系列装置组成，以保证数控车床功能的充分发挥及安全、方便地使用。

7. 车床本体

数控车床的本体，是用于完成各种切削加工的机械部分，主要由主轴传动装置、进给传动装置、床身、工作台以及液压气动系统、润滑系统、冷却装置等辅助运动装置组成。

二、数控车床的分类

1. 按数控系统分类

目前常用的数控系统有FANUC数控系统、SIEMENS数控系统、华中数控系统、广州数控系统、三菱数控系统等，每种数控系统又有多种型号。各种数控系统的指令、编程要求和面板功能按键各不相同，使用时应以数控机床操作说明书为准。本书以FANUC 0i数控系统为例。

2. 按车床主轴位置分类

按车床主轴位置的不同，可以将数控车床分为立式数控车床和卧式数控车床。

（1）立式数控车床　其主轴中心线垂直于水平面。主要用于加工径向尺寸大、轴向尺寸相对较小的大型复杂零件。

（2）卧式数控车床　其主轴中心线处于水平位置，它的床身和导轨有多种布局形式，是目前应用最广泛的数控车床。

3. 按车床功能分类

按车床功能的不同，可以将数控车床分成简易数控车床、经济型数控车床（图1-2）、全功能型数控车床（图1-3）和车削中心等。

图 1-2　经济型数控车床

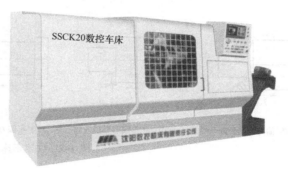

图 1-3　全功能型数控车床

三、数控车床床身的布局

数控车床床身的布局通常包括平床身、斜床身、平床身斜滑板和立床身四种类型。

1）图 1-4a 所示的床身布局为水平床身。床身配置水平滑板，具有工艺性好，导向性好等优点，便于导轨面的加工，水平床身配上水平放置的刀架可提高刀架的运动精度。缺点是排屑困难，滑板下面空间小；刀架水平放置使得滑板横向尺寸较大，加大了机床宽度方向的结构尺寸。

2）图 1-4b 所示的床身布局为斜床身。床身配置斜滑板，导轨倾斜角度可为 30°、45°、60°、75° 和 90°，其中 90° 的滑板结构称为立床身，如图 1-4c 所示。斜床身布局的缺点是导轨的导向性及受力情况较差。中小规格的数控车床，其床身的倾斜角度以 60° 为宜。

3）图 1-4d 所示的床身布局为水平床身斜滑板。床身配置倾斜放置的滑板，机床宽度方向的结构尺寸较水平床身配置水平滑板的要小，具有占地面积小，排屑方便等优点。

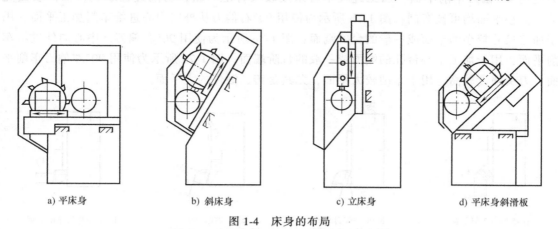

a) 平床身　　　　　b) 斜床身　　　　　c) 立床身　　　　　d) 平床身斜滑板

图 1-4　床身的布局

四、数控车削的工艺范围

1. 车削外圆

外圆是数控车床最常见的加工内容。图 1-5 所示为使用各种不同的车刀车削零件外圆。

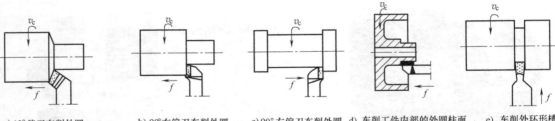

a) 45°偏刀车削外圆   b) 90°右偏刀车削外圆   c) 90°左偏刀车削外圆   d) 车削工件内部的外圆柱面   e) 车削外环形槽

图 1-5　数控车床车削外圆

2. 车削内孔

车削内圆（孔）是指用车削的方法扩大工件的孔或加工空心工件的内表面，是常见的车削加工内容之一，如图 1-6 所示。

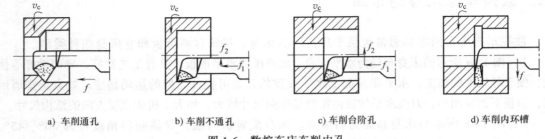

a) 车削通孔   b) 车削不通孔   c) 车削台阶孔   d) 车削内环槽

图 1-6　数控车床车削内孔

3. 车削平面

车削平面主要是指车削端面（包括台阶端面），常见的方法如图 1-7 所示，图 1-7a 所示为使用 45°偏刀车削平面，加工过程中可采用较大背吃刀量，切削过程顺利，工件表面光洁，大小平面均可被车削；图 1-7b 所示为使用 90°右偏刀从外向中心进给车削加工平面，用于加工尺寸较小的平面或一般的台阶端面；图 1-7c 所示为使用 90°右偏刀从中心向外进给车削平面，用于加工中心带孔的端面或一般的台阶端面；图 1-7d 所示为使用 90°左偏刀车削平面，刀头强度较高，用于车削较大平面，尤其是铸、锻件的大平面。

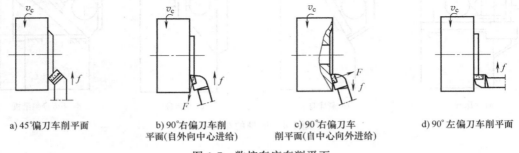

a) 45°偏刀车削平面   b) 90°右偏刀车削平面(自外向中心进给)   c) 90°右偏刀车削平面(自中心向外进给)   d) 90°左偏刀车削平面

图 1-7　数控车床车削平面

4. 车削圆锥面

圆锥面分为内圆锥面和外圆锥面，可以分别视为内圆和外圆的特殊形式。内、外圆锥面具有相互配合紧密、拆卸方便、多次拆卸后仍能保持准确对中的特点，广泛用于要求对中准确和需要经常拆卸的组合件上。工程上经常使用的标准圆锥有莫氏锥度、米制锥度和专用锥度。

5. 使用定尺寸刀具进行孔加工

在数控车床上可以使用定尺寸刀具（钻头、铰刀等）进行钻中心孔、钻孔和铰孔的加工，如图 1-8 所示。

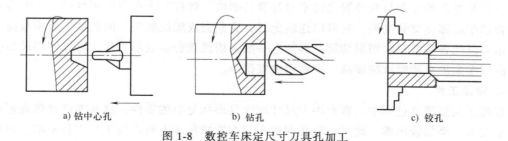

a) 钻中心孔   b) 钻孔   c) 铰孔

图 1-8　数控车床定尺寸刀具孔加工

6. 车削螺纹

在数控车床上可以进行各种螺纹的加工。

五、数控车削的应用场合

数控车床能够完成上面各要素的加工，但加工零件时一定要秉承经济性原则，数控车削适合加工以下类型的零件。

1. 精度要求高的零件

数控车床刚性好，加工精度高，能方便和精确地进行人工补偿和自动补偿，所以能加工尺寸精度要求较高的零件。在有些场合可以以车代磨。对于圆弧以及其他曲线轮廓，数控车床加工出的形状与图样上所要求的几何形状的接近程度比用仿形车床要高得多。由于数控车床工序集中、装夹次数少，可有效提高位置精度。

有些性能较高的数控车床具有恒线速度切削功能，加工出的零件的表面粗糙度值较小且均匀性良好。如车削加工带有锥度的零件，由于普通车床转速恒定，在工件直径大的部位切削速度大，表面粗糙度值小，在工件直径小的部位表面粗糙度值大，造成零件表面质量不均匀。使用数控车床的恒线速度切削功能就能很好地解决这一问题。对于表面粗糙度值要求不同的零件，数控车床也能实现其加工，对于表面粗糙度值要求大的部位采用比较大的进给速度，表面粗糙度值要求小的部位则采用较小的进给速度。

2. 轮廓比较复杂的零件

数控车床具有直线插补和圆弧插补功能，部分数控车床还具有某些非圆曲线插补功能，因此，使用数控车床能车削加工由任意平面曲线轮廓组成的回转体类的零件，包括不能用数学方程描述的列表曲线类的零件。有些内型、内腔零件（图 1-9），使用普通车床加工时难以控制尺寸，采用数控车床加工则很容易实现。

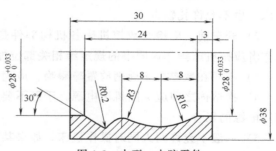

图 1-9　内型、内腔零件

3. 带特殊螺纹的回转体零件

普通车床车削的螺纹种类有限，一般只能车削等导程的直、锥面公制或寸制螺纹，而且一台车床只能限定车削若干种导程。

数控车床不但能车削任何等导程的直、锥面公制或寸制螺纹，而且还能车削增导程、减导程，以及要求等导程与变导程之间平滑过渡的螺纹。数控车床在车削螺纹时，主轴转向不必像普通车床那样交替变换，它可以连续走刀，直到完成螺纹加工，因此加工效率很高。数控车床可以配备精密螺纹切削功能，再加上一般采用硬质合金成形刀片，可以使用较高的转速，所以车削出来的螺纹精度高、表面粗糙度值小。

4. 淬硬工件

在加工大型模具过程中，常有不少尺寸较大且形状复杂的零件，这些零件经热处理后的变形量较大，磨削较困难，此时可以用陶瓷车刀在数控车床上对淬硬工件进行车削，以车代磨，提高加工效率。

六、数控车削的公差等级

数控车床对工件既能实现粗加工，也能实现半精加工和精加工。工件在数控车床上进行一次装夹后，依据技术要求，应尽可能多的完成相关工序和工步，以减小装配误差和提高生产效率。各种类型的加工所能达到的公差等级和表面粗糙度见表1-1。

表1-1　数控车削加工的公差等级和表面粗糙度

车削加工类型	达到的公差等级	达到的表面粗糙度值 Ra
粗加工	IT11~IT12	12.5~25μm
粗加工→半精加工	IT8~IT10	3.2~6.4μm
粗加工→半精加工→精加工	IT7~IT8	0.8~1.6μm 0.4~0.8μm(有色金属)
粗加工→半精加工→精加工→细加工	IT6~IT7	0.1~0.4μm

七、数控车床的安全操作规程

1. 安全操作基本注意事项

1）操作机床前要穿工作服、安全鞋，并戴上安全帽及防护镜，不允许戴手套操作数控机床，也不允许扎领带。

2）开车前，应检查数控机床各机构部件是否完好、各按钮是否能自动复位。开机前，操作者应按机床操作说明书的规定给相关部位加油，并检查油标、油量。

3）不要在数控机床周围放置障碍物，应确保足够的工作空间。

4）换熔体之前应关闭机床电源，千万不要用手直接接触电动机、变压器、控制板等有高压电源的场合。

5）一般不允许两人同时操作机床。如果某项工作需要两个人或多人共同完成时，应注意相互动作的协调一致。

6）开机操作前应熟悉数控机床的操作说明书，数控车床的开机、关机顺序，一定要按照机床说明书的规定操作。

7）开始切削加工之前一定要关好防护门，程序正常运行中严禁开启防护门。

8）每次电源接通后，必须先完成各轴的回参考点操作，然后再进入其他运行方式，以确保各轴坐标的正确性。

9）车床在正常运行时不允许打开电气柜的门。

10）加工程序必须经过严格检查后，方可进行操作运行。

11）手动对刀时，应注意选择合适的进给速度；手动换刀时，刀架与工件之间要有足够的转位距离，以避免发生碰撞。

12）加工过程中，如果出现异常危险情况可按下"急停"按钮，以确保人身和设备的安全。

13）不得任意拆卸和移动机床上的保险和安全防护装置。

14）工作时更换刀具、工件、调整工件或离开机床时必须停机。

2. 工作前的准备工作

1）车床在开始工作前要有预热，认真检查车床润滑系统工作是否正常，如果机床长时间未开动，可先采用手动方式向各部分供油润滑。

2）使用的刀具应与机床允许的规格相符，有严重破损的刀具要及时更换。

3）调整刀具时所用的工具不要遗忘在机床内。

4）刀具安装完成后应进行一二次试切削。

5）检查卡盘夹紧时的状态。

6）车床开机前，必须关好防护门。

7）了解和掌握数控机床控制面板、操作面板的操作要领，将程序准确地输入系统，并模拟检查、试切，做好加工前的各项准备工作。

8）正确地选用数控车削刀具，安装零件和刀具要保证准确、牢固。

9）了解零件图的技术要求，检查毛坯尺寸是否合适、形状有无缺陷。选择合理的安装零件的方法。

3. 工作过程中的安全注意事项

1）学生必须完全清楚操作步骤后方可进行操作，遇到问题立即向教师询问，禁止在不知道操作规程的情况下进行尝试性操作。操作中如果机床出现异常，必须立即向教师报告。

2）手动回原点操作时，注意机床各轴位置要距离原点-100mm以上，机床回原点顺序为先+X轴，后+Z轴。

3）禁止用手直接接触刀尖和铁屑，铁屑必须要用铁钩子或毛刷清理。

4）禁止用手或其他任何方式接触正在旋转的主轴、工件或其他运动部位。

5）使用手轮或快速移动方式移动各轴位置时，一定要看清机床X、Z轴各方向"+、-"号标示后再移动。移动时先慢转手轮观察机床移动方向无误后方可加快移动速度。

6）机床运转中，操作者不得离开岗位，发现机床异常现象应立即停车。

7）加工过程中，不允许打开防护门。

8）严格遵守岗位责任制，机床由专人使用，他人使用须经本人同意。

9）机床在工作中发生故障或不正常现象时应立即停车，保护现场，同时立即报告现场负责人。

10）严禁在卡盘上和顶尖间敲打、矫直、修正工件，必须确认工件和刀具夹紧后方可进行下步工作。

4. 完成后的注意事项

1）清理切屑，擦拭机床，使机床与操作环境保持清洁状态。

2）检查润滑油、切削液的状态，及时添加或更换。

3）依次关闭机床操作面板上的电源和总电源。

4）机床附件和量具、刀具应妥善保管，保持完整与良好。

5）实训完毕后应清扫机床，保持清洁，将尾座和滑板移至床尾位置，并切断机床电源。

八、数控车床的维护与保养

1. 外观保养

1）每天做好机床的清洁工作，清扫铁屑，将导轨部位的切削液擦拭干净。下班时在机床所有的摩擦面抹上机油，防止导轨生锈。

2）每天注意检查导轨、机床防护罩是否齐全有效。

3）每天检查机床内外有无磕碰、拉伤现象。

4）定期清除机床各部件切屑、油垢，做到无死角，保持机床内外清洁，无锈蚀。

2. 主轴的维护

在数控车床中，主轴是最关键的部件，对机床的加工精度起着决定性作用。它的回转精度会影响工件的加工精度。主轴部件机械结构的维护主要包括主轴支撑、传动、润滑等。

1）定期检查主轴支撑轴承，调整轴承预紧力，调整游隙大小，检查主轴轴向窜动误差。发现轴承拉伤或损坏应及时更换。

2）定期检查主轴润滑恒温油箱，及时清洗过滤器，更换润滑油等，保证主轴有良好的润滑。

3）定期检查齿轮变速箱，检查并调整齿轮啮合间隙，及时更换破损齿轮。

4）定期检查主轴驱动皮带，应及时调整皮带松紧程度或更换皮带。

3. 滚珠丝杠螺母副的维护

滚珠丝杠传动有传动效率高、传动精度高、运动平稳、寿命长以及可预紧消除间隙等优点，因此在数控车床中使用广泛。其日常维护保养包括以下几个方面：

1）定期检查滚珠丝杠螺母副的轴向间隙，一般情况下可以用控制系统的自动补偿来消除间隙。数控车床滚珠丝杠副采用双螺母结构，当间隙过大时，可以通过双螺母预紧消除间隙。

2）定期检查丝杠防护罩，防止尘埃和切屑黏结在丝杠表面，影响丝杠使用寿命和精度。发现丝杠防护罩破损应及时维修和更换。

3）定期检查滚珠丝杠副的润滑，采用润滑脂润滑的滚珠丝杠每半年更换一次润滑脂，采用润滑油的滚珠丝杠副，可在每次机床工作前加一次油。

4）定期检查支撑轴承。应定期检查丝杠支撑轴承与机床连接是否有松动，以及支撑轴承是否损坏等，要及时紧固松动部位并更换支撑轴承。

5）定期检查伺服电动机与滚珠丝杠之间的连接，必须保证无间隙。

4. 导轨副的维护

导轨副是数控车床重要的执行部件，常见的有滑动导轨和滚动导轨。主要维护内容包括以下几个方面：

1）检查各轴导轨上镶条、压紧滚轮与导轨面之间是否有合理间隙。根据机床说明书调整松紧状态，间隙调整方法有压板间隙调整间隙、镶条调整间隙和压板镶条调整间隙等。

2）注意导轨副的润滑，降低运动摩擦，减少磨损，防止导轨生锈。根据导轨润滑状况及时调整导轨润滑油量，保证润滑油压力，保证导轨润滑良好。

3）经常检查导轨防护罩，防止切屑、磨粒或切削液散落在导轨面上引起的磨损、擦伤和锈蚀。发现防护罩破损应及时维修和更换。

巩固与提高

一、填空题

1. 数控车床一般由加工程序、输入装置、_____、伺服系统、辅助控制装置、反馈系统及机床本体等组成。

2. _____是数控车床的核心，是由硬件和软件两部分组成的。

3. 进入数控车间实习时必须穿好_____、安全鞋，并戴上工作帽及防护镜，严禁戴_____、领带操作数控机床。

4. 禁止用手直接接触刀尖和铁屑，铁屑必须要用_____或_____清理。

5. 加工过程中，如果遇到紧急情况，应当立即按_____。

6. 采用润滑脂润滑的滚珠丝杠，_____更换一次润滑脂，采用润滑油的滚珠丝杠，可在每次机床工作前加一次油。

二、判断题

1. 为了便于散热，常常打开电气控制柜的门。　　　　　　　　　　（　　）

2. 加强设备的维护保养、修理，能够延长设备的技术寿命。　　　　（　　）

3. 数控机床买了以后，为了保证其加工精度，最好长期不用或少用。（　　）

4. 数控机床用滚珠丝杠最好有较大的间隙，以保证其运动的平稳性。（　　）

5. 数控机床如长期不用时最重要的日常维护工作就是通电。　　　　（　　）

三、选择题

1. 与普通车床相比，数控车床的加工精度（　　　），生产效率（　　　）。

A. 高　低　　　　B. 高　高　　　　C. 低　低　　　　D. 低　高

2. 测量反馈装置的作用是为了（　　　）。

A. 提高机床的安全性　　　　　　　B. 提高机床的使用寿命

C. 提高机床的定位精度、加工精度　D. 提高机床的灵活性

四、简答题

1. 简述数控车床的组成。

2. 简述数控车床的加工内容。

项目二

常用车工量具的使用

知识目标

1. 熟悉测量外圆、长度的常用工具的工作原理与使用方法
2. 熟悉测量内径的常用工具的工作原理与使用方法
3. 熟悉测量螺纹的常用工具的工作原理与使用方法

技能目标

1. 掌握常见外圆、长度的测量方法
2. 掌握常见深（高）度的测量方法
3. 掌握常见内径的测量方法
4. 掌握常见螺纹的测量方法

一、外圆、长度的测量

（一）测量外圆、长度的常用工具

测量工具分为多功能量具、专用量具和标准量具等。下面介绍几种测量外圆、长度的常用量具。

1. 游标卡尺

游标卡尺是一种结构简单、使用方便的中等精度多功能量具。游标卡尺可用来测量长度、外径、内径、孔深和中心距等。常用游标卡尺的分度值有 0.1mm、0.05mm 和 0.02 mm 三种。

图 2-1 所示的是分度值为 0.02mm 的游标卡尺结构，它由尺身，游标尺，内、外测量爪，深度尺和制动螺钉等组成。

游标卡尺的分度原理：以分度值为 0.02 的游标卡尺为例，当尺身的测量爪与游标尺的测量爪贴合时，游标尺上的零线对准尺身的零线，游标尺上 50 格的长度刚好与尺身上 49 格的长度相等，尺身每一小格长度为 1mm，则游标尺每一小格长度为 49mm/50＝0.98 mm，尺身和游标尺每一小格的长度之差为 (1－0.98)mm＝0.02mm，所以游标卡尺的分度值为 0.02mm。

游标卡尺的读数方法：首先读出游标尺零线左边尺身上的整毫米数，再看游标尺从零线开始第几条刻线与尺身某一刻线对齐，其游标尺刻线数与该游标卡尺的分度值的乘积就是不足 1mm 的小数部分的读数值，最后将整毫米数与小数部分的读数值相加就是测得的实际尺

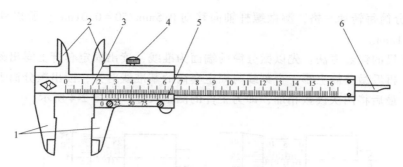

图 2-1　游标卡尺

1—外测量爪　2—内测量爪　3—尺身　4—制动螺钉　5—游标尺　6—深度尺

寸。分度值为 0.02mm、测量范围为 0~200mm 的游标卡尺读数示例如图 2-2 所示。

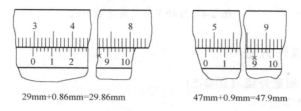

29mm+0.86mm=29.86mm　　47mm+0.9mm=47.9mm

图 2-2　游标卡尺的读数方法

2. 千分尺

千分尺是尺寸测量中最常用的精密量具之一。千分尺的种类较多，按其用途不同可分为外径千分尺、内测千分尺、深度千分尺和螺纹千分尺等。常用千分尺的分度值为 0.01mm。

图 2-3 所示为外径千分尺结构，它由尺架、测砧、测微螺杆、测微螺杆锁紧装置、固定套管、微分筒、棘轮等部分组成。

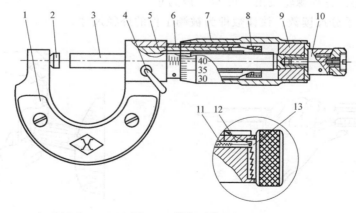

图 2-3　外径千分尺

1—尺架　2—测砧　3—测微螺杆　4—测微螺杆锁紧装置　5—螺纹套　6—固定套管
7—微分筒　8—螺母　9—接头　10—测力装置　11—弹簧　12—棘轮爪　13—棘轮

外径千分尺的分度原理：固定套管上轴向的刻线每格长度为 0.5mm。测微螺杆的螺距为 0.5mm。当微分筒每转一周时，测微螺杆轴向移动 0.5mm。微分筒将外圆周的刻线等分为 50 格，微分筒每转动一格，测微螺杆轴向移动 0.5mm/50 = 0.01mm，所以外径千分尺的分度值为 0.01mm。

外径千分尺的读数方法：先以微分筒的端面为准线，读出固定套管上露出刻线的整毫米及半毫米数，再看微分筒上哪一个刻线与固定套筒的基准线对齐，读出微分筒上不足半毫米的小数部分，最后将两次读数相加，即为工件的测量尺寸，如图 2-4 所示。

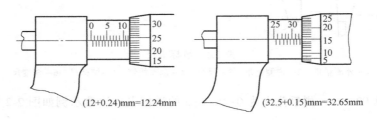

(12+0.24)mm=12.24mm　　　　(32.5+0.15)mm=32.65mm

图 2-4　外径千分尺的读数方法

（二）　测量外径的操作方法

1. 使用游标卡尺测量外径 （图 2-5）

1）校准游标卡尺零位。

2）右手握住尺身，大拇指抵在游标尺下并移动游标尺，使外测量爪张开到略大于被测尺寸，将外测量爪逐渐靠近工件并轻微地接触。注意卡尺不要歪斜，以免产生测量误差。

3）取得尺寸后拧紧制动螺钉，正确读出被测工件外径尺寸读数。

2. 使用千分尺测量工件外径 （图 2-6）

1）校准千分尺零位。

2）双手握千分尺，左手握住尺架，用右手旋转微分筒，当测微螺杆即将接触工件表面时，改为旋转棘轮，直到棘轮发出 "咔咔" 声为止。

3）正确读出千分尺读数，该读数即为被测工件的外径尺寸。

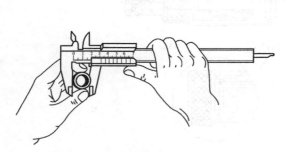
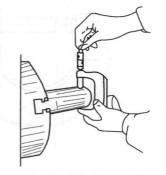

图 2-5　使用游标卡尺测量外径　　　　图 2-6　使用外径千分尺测量外径

（三）　测量长度的操作方法

1. 使用钢直尺测量长度

钢直尺通常用来测量毛坯或精度要求不高的零件尺寸，使用钢直尺测量长度的方法如

图 2-7所示。

2. 使用游标卡尺测量长度

使用游标卡尺测量长度的方法如图 2-8 所示。

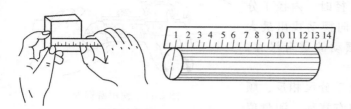
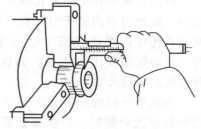

图 2-7　使用钢直尺测量长度　　　　图 2-8　使用游标卡尺测量长度

二、深（高）度的测量

深（高）度的测量方法与长度的测量方法基本相同，通常使用钢直尺或游标卡尺测量，也可以使用深度尺进行测量。常见深（高）度的测量方法如图 2-9 和图 2-10 所示。

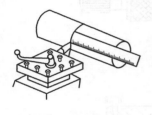
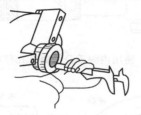

a) 使用钢直尺测量台阶长度　　　b) 使用游标卡尺测量深度　　　c) 使用深度尺测量台阶长度

图 2-9　深（高）度尺寸的测量

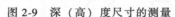
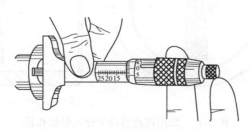

图 2-10　使用深度千分尺测量尺寸

三、内径的测量

1. 使用游标卡尺测量内径（图 2-11）

1）校准游标卡尺零位。

2）右手握住尺身，大拇指抵在游标尺下并移动游标尺，使内测量爪张开略小于被测尺寸，将内测量爪逐渐靠近工件并轻微地接触。注意卡尺不要歪斜，以免产生测量误差。

3）取得尺寸后拧紧制动螺钉，正确读出被测工件内径尺寸读数。

2. 使用内测千分尺测量孔径

使用内测千分尺测量孔径尺寸的方法如图 2-12 所示。使用两点内径千分尺测量孔径时，内径千分尺应在孔壁内摆动（图 2-13），径向摆动找出最大值，轴向摆动找出最小值，两次摆动的重合尺寸，就是孔的实际尺寸。

图 2-11　使用游标卡尺测量内径

内测千分尺的刻线方向与外径千分尺相反，顺时针转动微分筒时，活动测量爪向右移动，测量值增大，用于测量孔径小于 25 mm 以下的孔。

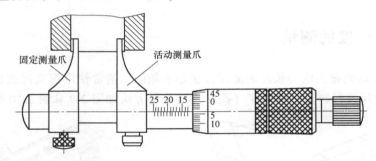

图 2-12　使用内测千分尺测量孔径尺寸

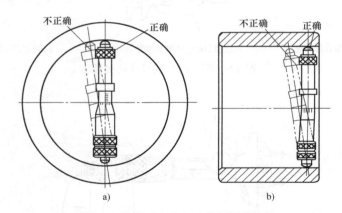

图 2-13　使用两点内径千分尺测量孔径

3. 使用指示表测量孔径尺寸

指示表是利用机械传动系统，将测量杆的直线位移转变为指针在圆刻度盘上的角位移，并由刻度盘进行读数的一种测量仪器。分度值为 0.01mm 的指示表，称为百分表（图2-14）。分度值为 0.001mm 的指示表，称为千分表。百分表是一种进行读数比较的量具，只能测出相对数值，不能测出绝对数值。

百分表的分度原理：百分表齿杆的齿距是 0.625 mm。当齿杆上升 16 齿时，其上升的距离为 0.625mm×16＝10mm，此时和齿杆啮合的 16 齿的小齿轮正好转动一周，而和该小齿轮同轴的大齿轮（100 个齿）也必然转动一周。中间小齿轮（10 个齿）在大齿轮带动下将转动 10 周，与中间小齿轮同轴的指针也转动 10 周。由此可知，当齿杆上升 1mm 时，指针转动一周。度盘上共等分 100 格，所以指针每转动一格，齿杆移动 0.01mm。故百分表的分度值为 0.01mm。

使用百分表进行测量时，首先让指针对准零位，测量时指针转过的格数即为测量尺寸。

图 2-15 所示为内径指示表，其原理是将百分表装夹在侧架 1 上，触头 6 通过摆动块 7 和推杆 3 将测量值 1∶1 传递给百分表。固定测头 5 可根据孔径大小更换。测量前，应该校准百分表零位。

如图 2-16 所示，使用内径指示表进行测量时，必须左右摆动指示表，测量所得的最小数值就是孔径的实际尺寸。内径指示表主要用于测量精度要求较高又较深的孔。

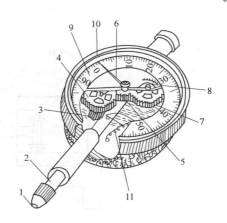

图 2-14　百分表结构
1—测头　2—测杆　3—小齿轮
4，7—大齿轮　5—中间小
齿轮　6—指针　8—转数指针
9—度盘　10—表圈　11—拉簧

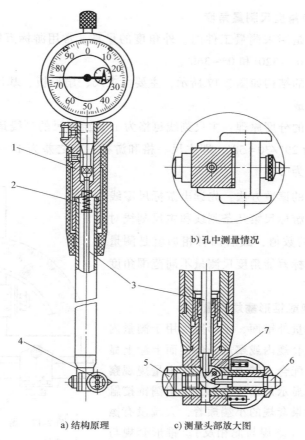

a) 结构原理　　　　c) 测量头部放大图

图 2-15　内径指示表结构
1—侧架　2—弹簧　3—推杆　4—定位护桥　5—固定测头　6—活动测头　7—杠杆

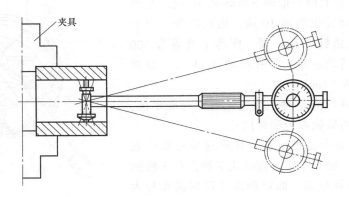

图 2-16　使用内径指示表测量孔径尺寸

四、角度的测量

1. 使用游标万能角度尺测量角度

游标万能角度尺是用来测量工件内、外角度的量具。常用游标万能角度尺的分度值为 2′和 5′，测量范围为 0°~320°和 0°~360°。

游标万能角度尺的结构如图 2-17 所示，主要由主尺、扇形板、基尺、游标尺、直角尺、直尺和卡块等部分组成。

游标万能角度尺的分度原理：主尺刻线每格为 1°，游标尺的刻线是取主尺的 29°等分为 30 格，游标尺每格为 29°/30 = 58′，即主尺一格和游标一格之差为 1°−58′ = 2′。因此，游标万能角度尺的分度值为 2′。

游标万能角度尺的读数方法：先读出游标尺零线前面的整度数，再看游标尺第几条刻线和主尺刻线对齐，读出角度 "′" 的数值，最后两者相加就是测量角度的数值。使用游标万能角度尺测量不同范围角度的方法如图 2-18 所示。

2. 使用锥形套规或锥形塞规测量

锥形套规用于测量外锥面，锥形塞规用于测量内锥面。测量时，先在套规内或塞规外的锥面上涂上显示剂，再与被测锥面配合，转动量规，拿出量规观察显示剂的变化，如果显示剂摩擦均匀，说明圆锥接触良好，锥角正确；如果套规的小端擦着，大端没有擦着，说明圆锥角小了（塞规与此相反）。锥形套规与锥形塞规结构如图 2-19 所示。

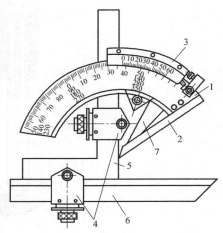

图 2-17　游标万能角度尺结构

1—主尺　2—基尺　3—游标　4—卡块

5—直角尺　6—直尺　7—扇形板

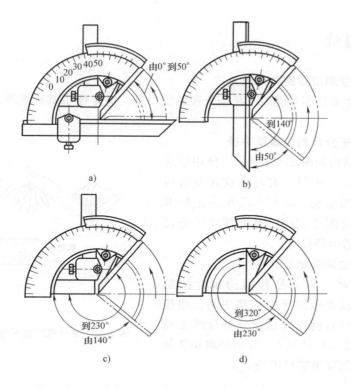

图 2-18　使用游标万能角度尺的测量不同角度的方法

图 2-19　锥形套规与锥形塞规结构

五、槽宽的测量

一般情况下，使用游标卡尺测量槽宽尺寸，操作方法与使用游标卡尺测量内径相似，如图 2-20 所示。

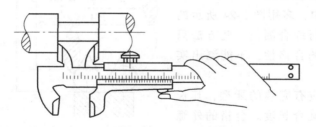

图 2-20　使用游标卡尺测量槽宽尺寸

六、螺纹的测量

1. 使用螺距规测量螺距和牙型角

螺纹的测量主要是测量螺距、牙型角和螺纹中径。通常使用螺距规测量螺距和牙型角，如图 2-21 所示。

2. 使用螺纹千分尺测量螺纹中径

螺纹千分尺结构如图 2-22a 所示。使用螺纹千分尺测量螺纹时，选用一套与螺纹牙型角相同的上、下两个测量头，让两个测量头正好卡在螺纹的牙侧上（图 2-22b），此时螺纹千分尺的读数就是螺纹的中径尺寸。

3. 用三针量法测量螺纹中径

三针量法是将三根直径相同的量针按照图 2-23 所示位置放在螺纹牙型沟槽中间，用接触式量仪或测微量具测出三根量针外母线之间的跨距 M，根据已知的螺距 P、牙型半角 $\alpha/2$ 及量针直径 d_0 的数值算出螺纹中径 d_2。

图 2-21　使用螺距规测量螺距和牙型角

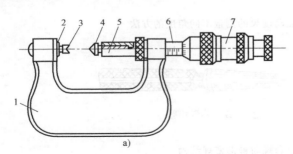
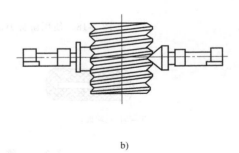

图 2-22　使用螺纹千分尺测量螺纹中径

1—尺架　2—架砧　3—V 形测量头　4—圆锥形测量头　5—测微螺杆　6—固定套管　7—外套管

使用三针量法测量螺纹中径的尺寸精度比目前常用的其他方法测得的精度要高，应用也比较方便。

4. 用螺纹量规检验螺纹

在大批量生产中，多用图 2-24 所示的螺纹量规对螺纹进行综合测量。此方法只能评定内、外螺纹的合格性，不能测出实际参数的具体数值。

通端螺纹环规应有完整的牙型，其长度等于被检螺纹的旋合长度。合格的外螺纹都应被通端螺纹环规顺利地旋入。止端

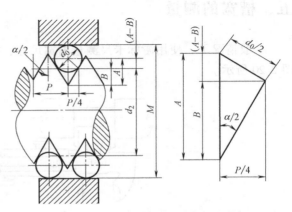

图 2-23　使用三针量法测量螺纹中径

螺纹环规的牙型做成截短的不完整的牙型，并将止端螺纹环规的长度缩短到2~3.5牙，合格的外螺纹不完全通过止端螺纹环规，但仍允许旋合一部分，即对于小于或等于4牙的外螺纹，止端螺纹环规的旋和量不得多于3.5牙。

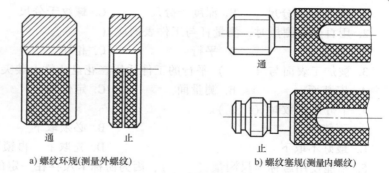

a) 螺纹环规(测量外螺纹)　　通　止

b) 螺纹塞规(测量内螺纹)　　通　止

图 2-24　螺纹量规

通端螺纹塞规应有完整的牙型，其长度等于被检螺纹的旋合长度。合格的内螺纹都应被通端螺纹塞规顺利地旋入。止端螺纹塞规缩短到2~3.5牙，并做成截短的不完整的牙型。合格的内螺纹不完全通过止端螺纹塞规，但仍允许旋合一部分，即对于小于或等于4牙的内螺纹，止端螺纹塞规从两端旋合量之和不得多于2牙；对于大于4牙的内螺纹，止端螺纹塞规的旋合量不得多于2牙。

5. 使用工具显微镜测量螺纹各参数

工具显微镜是一种以影像法作为测量基础的精密光学仪器，有万能、大型、小型三种类型。它可以测量精密螺纹的基本参数（如大径、中径、小径、螺距、牙型半角），也可以测量轮廓复杂的样板、成形刀具、冲模以及其他各种零件的长度、角度、半径等，因此在工厂的计量室和车间中应用普遍。

巩固与提高

一、填空题

1. 游标卡尺常用来测量零件的_____、_____、_____、_____及_____。

2. 游标卡尺的分度值有_____ mm、_____ mm 和_____ mm 三种，其中_____ mm 最常用。

3. 千分尺的分度原理：千分尺测微螺杆的螺距为_____ mm，当微分筒旋转一周时，测微螺杆轴向移动_____ mm，微分筒将外圆周的刻线等分为_____格，则微分筒每转动一格，测微螺杆轴向移动_____ mm。

4. 百分表的分度原理：百分表的齿杆每移动_____ mm 时，指针回转动一周，其度盘上的刻线等分为_____格，当指针每转动一格时，齿杆移动_____ mm，故百分表的分度值为_____。

5. 游标万能角度尺是用来测量工件_____的量具。常用游标万能角度尺的分度值为_____和_____。

6. 分度值为 0.02mm 的游标卡尺，游标尺上 50 格的长度与尺身上_____格的长度相等。

二、选择题

1. 下列哪种千分尺不存在（　　　）。

A. 分度圆千分尺　　　　B. 深度千分尺　　　　C. 螺纹千分尺　　　　D. 内测千分尺

2. 用百分表测量时，测量杆与工件表面应（　　　）。

A. 垂直　　　　　　B. 平行　　　　　　C. 相切　　　　　　D. 相交

3. 被加工表面与（　　　）平行的工件适用在花盘角铁上装夹加工。

A. 安装面　　　　　B. 测量面　　　　　C. 定位面　　　　　D. 基准面

4. 千分尺读数时（　　　）。

A. 不能取下　　　　　　　　　　　　B. 必须取下

C. 最好不取下　　　　　　　　　　　D. 先取下，再锁紧，然后读数

5. 不能使用游标卡尺测量（　　　），因为游标卡尺存在一定的示值误差。

A. 齿轮　　　　　　B. 毛坯　　　　　　C. 成品　　　　　　D. 高精度零件

6. 为保证数控自定心中心架夹紧零件的中心与机床主轴中心重合，须使用（　　　）调整。

A. 杠杆表和百分表　　　　　　　　　B. 试棒和百分表

C. 千分尺和试棒　　　　　　　　　　D. 千分尺和杠杆表

7. 使用（　　　）不可以测量深孔件的圆柱度精度。

A. 圆度仪　　　　　B. 内径指示表　　　C. 游标卡尺　　　　D. 内卡钳

8. 千分尺微分筒转动一周，测微螺杆移动（　　　）mm。

A. 0.1　　　　　　B. 0.01　　　　　　C. 1　　　　　　　D. 0.5

9. 对于深孔件的尺寸精度，可以用（　　　）进行检验。

A. 内测千分尺或内径指示表　　　　　B. 塞规或内测千分尺

C. 塞规或内卡钳　　　　　　　　　　D. 以上均可

10. 外径千分尺测量精度比游标卡尺高，一般用来测量（　　　）精度的零件。

A. 高　　　　　　　B. 低　　　　　　　C. 较低　　　　　　D. 中等

三、判断题

1. 分度值为 0.02mm 的游标卡尺，尺身上 50 格的长度与游标上 49 格的长度相等。

（　　　）

2. 使用百分表测量时，测杆的行程不应超出它的测量范围。　　　　　　　（　　　）

3. 游标万能角度尺的分度原理与读数方法和游标卡尺相似。

（　　　）

4. 螺纹的综合检验就是同时测量多个参数的数值，综合判断螺纹是否合格。

（　　　）

5. 用三针法可测量内、外螺纹的中径尺寸。

（　　　）

四、简答题

读出图 2-25 所示尺寸。

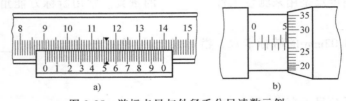

图 2-25　游标卡尺与外径千分尺读数示例

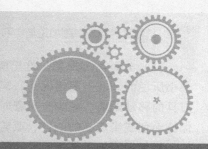

项目三

数控车削加工工艺基础

知识目标

1. 了解数控车削的加工顺序
2. 掌握数控车削过程中进给路线的确定和刀具的选择方法
3. 掌握数控车削加工工艺路线拟定的内容及方法

一、加工顺序的确定

在进行零件的数控车削加工之前，必须先拟定零件的数控车削加工工艺。工艺制订的合理与否，对加工程序的编制、机床的加工效率和零件的加工精度都有非常重要的影响。因此，在进行数控车削加工工艺的制订时，应遵循一般的工艺原则，同时结合所使用数控车床的特点。制订数控车削加工工艺的过程和主要内容包括分析零件图样、确定工件在机床上的装夹方式、选择刀具、夹具、确定各表面的加工顺序、确定进给路线、确定切削用量等。

1. 确定加工顺序应注意的问题

1）对零件进行加工工艺分析，主要包括零件图或装配图的分析（如果必须）、零件的设计结构及工艺性分析和轮廓几何要素分析等内容。

2）对于一个零件的加工制造，并不是说所有的加工内容都采用数控机床进行，数控加工也可能只是零件加工工艺过程中的一部分。在选择数控车削加工的加工内容时，应选择在普通机床上难加工甚至无法加工的加工内容作为数控机床的加工内容，同时还应考虑生产批量、生产周期、生产成本和工序间周转情况等因素。总之，应充分发挥数控机床的优势，避免把数控机床当作普通机床使用。

3）在数控车床上加工零件时，应按工序集中原则划分工序。对于批量生产，可以采用按零件的加工表面划分工序的方法，即在一次安装下完成大部分甚至全部表面的加工；也可以采用按粗、精加工划分工序的方法。

4）通常选择外圆、端面或内孔、端面装夹，并力求设计基准、工艺基准和编程原点的统一。在批量生产中，常采用按零件加工表面或零件粗、精加工划分工序。

分析了零件图样和确定了工件的装夹方式后，就可以确定零件的加工顺序了。

2. 确定数控车削加工顺序的一般原则

（1）先粗后精原则 就是按照粗加工→半精加工→精加工的顺序进行数控车削加工，以满足逐步提高工件的加工精度的要求。

（2）先近后远原则　这里所谓的"远"与"近"，是按加工部位相对于对刀点的距离大小所说的。在一般情况下，离对刀点近的部位先加工，离对刀点远的部位后加工，以缩短刀具的移动距离，减少空行程时间。此外，对于数控车削加工来说，"先近后远"还有利于保持毛坯或半成品的刚性，改善其切削条件。

例如：当加工图 3-1 所示零件时，如果按 $\phi42mm \rightarrow \phi38mm \rightarrow \phi34mm$ 的次序安排车削时，不仅会增加刀具返回对刀点所需的空行程时间，而且一开始就削弱了工件的刚性，还可能使台阶的外直角处产生毛刺。对这类直径相差不大的台阶轴，当第一刀的背吃刀量（图 3-1 中最大背吃刀量可为 3mm 左右）未超限时，宜按 $\phi34mm \rightarrow \phi38mm \rightarrow \phi42mm$ 的次序先近后远地安排车削加工。

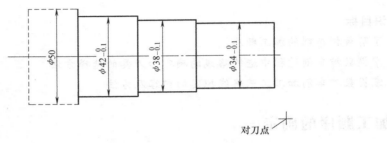

图 3-1　先近后远原则

（3）内外交叉原则　对既有内表面（内型腔）又有外表面需要加工的零件，安排加工顺序时，应先进行内外表面的粗加工，后进行内外表面的精加工。切不可将零件上一部分表面加工完毕后，再加工其他表面。

（4）进给路线最短原则　确定加工顺序时，应考虑使各工序进给路线的总长度为最短。

上述原则也不是一成不变的，对于某些特殊的情况，则需要采取灵活可变的方案。

二、进给路线的确定

数控加工中，刀具刀位点相对于工件运动的轨迹称为进给路线。进给路线包括刀具从对刀点（或机床固定原点）开始运动起直至刀具返回该点并结束加工程序所经过的轨迹，每个进给路线都是由刀具切入轨迹、切削加工轨迹、刀具切出轨迹组成，其中刀具切入、切出轨迹是非切削（空行程）轨迹。

确定刀具的切削进给路线，主要是确定粗加工及空行程的进给路线，因为精加工时刀具的切削轨迹基本上都是沿零件轮廓顺序进行的。

对刀点是指通过对刀确定刀具与工件相对位置的基准点。对刀点是数控加工时刀具相对于工件运动的起点，也称起刀点。由于程序也是从这一点开始执行，所以对刀点也称程序起点。

刀位点是指刀具的定位基准点。对于车刀则是刀尖，对于钻头则是钻尖。

对刀点找正的准确度直接影响加工精度，当零件加工精度要求高时，可用千分表找正对刀，使刀位点与对刀点一致。使用该方法找正每次需要的时间较长，效率较低，故一些工厂采用了光学或电子装置等新方法以减少工时和提高找正精度。

换刀点是为数控车床设定的在加工过程中自动更换刀具的位置。换刀点的位置要保证换刀时刀具不得碰撞工件、夹具或机床，因此换刀点常常设在远离工件的位置。

使用数控车床加工零件时，在保证被加工零件的精度和质量的前提下，应使加工程序简单化，并具有最短的进给路线。

在数控车削中，确定进给路线一般有以下原则。

1. 空行程最短的进给路线

（1）起刀点的设定　图 3-2 所示为采用矩形循环方式进行粗加工的一般情况的示例。图 3-2a 中对刀点 A 的设定是加工过程中更方便地换刀，故设置在离毛坯较远的位置，同时将起刀点与对刀点重合，分三次走刀进行粗加工，其进给路线安排如下：

第一次走刀：A→B→C→D→A；

第二次走刀：A→E→F→G→A；

第三次走刀：A→H→I→J→A。

图 3-2b 所示的是将起刀点 B 与对刀点 A 分离（分离的空行程为 A→B），仍按相同的切削用量分三次走刀进行粗加工，进给路线安排如下：

第一次走刀：A→B→C→D→E→B；

第二次走刀：B→F→G→H→B；

第三次走刀：B→I→J→K→B。

显然，图 3-2b 所示的进给路线较短。该方法也适用于其他循环切削加工。

（2）换刀点的设定　为了换刀的方便和安全，有时将换刀点也设置在离毛坯较远的位置（图 3-2a 中的点 A），那么，当换第二把刀进行精加工时的空行程路线也必然较长；如果将第二把刀的换刀点设置在图 3-2b 中点 B 的位置上，则可缩短空行程，前提是必须保证换刀时，刀具与工件不发生碰撞。

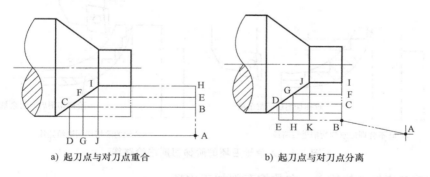

a) 起刀点与对刀点重合　　　　　　　b) 起刀点与对刀点分离

图 3-2　起刀点与换刀点的设定

（3）合理安排"回参考点"路线　在手工编制较为复杂轮廓的加工程序时，为使其计算过程尽量简化，不出错也便于校核，编制者有时将每一次走刀加工后的刀具都通过执行"回参考点"指令，使其全部都返回对刀点位置，再执行后续程序。这样不但使进给路线变长，而且大大降低了生产效率。因此，在合理安排"回参考点"路线时，应使其前一次走刀的终点与后一次走刀的起点间的距离尽量缩短甚至为零，才可满足进给路线最短的要求。另外，在选择返回参考点指令时，如果在加工中不发生干涉，应尽量使 X、Z 坐标轴双向同时执行"回参考点"指令，这样可保证进给路线最短。

2. 切削轨迹最短的进给路线

切削进给路线最短，可有效地提高生产效率，降低刀具的损耗等。在安排粗加工或半精加工的切削进给路线时，应同时兼顾被加工零件的刚性及加工的工艺性等要求。

图 3-3 所示为粗加工零件时的三种不同的切削进给路线。其中图 3-3a 表示利用数控系统具有的封闭式复合循环功能控制车刀沿着工件轮廓进行加工的进给路线；图 3-3b 表示利用程序循环功能安排的"三角形"进给路线；图 3-3c 表示利用数控系统的矩形循环功能安排的"矩形"进给路线。

对于以上三种进给路线，经分析后可知矩形循环进给路线的长度的总和最短。因此，在同等条件下，其切削加工所需的时间（不含空行程）最短，刀具的损耗最少。

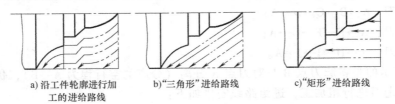

a) 沿工件轮廓进行加 b)"三角形"进给路线 c)"矩形"进给路线
工的进给路线

图 3-3　粗加工进给路线示例

3. 大余量毛坯的阶梯切削进给路线

图 3-4 所示为车削加工大余量工件的两种加工路线的比较。其中在图 3-4a 所示的阶梯切削进给路线中，刀具自右下方向左上方走刀，无法保证每次切削所留余量相等；图 3-4b 所示的阶梯切削进给路线中，刀具按 1→2→3→4→5 的顺序进行切削加工，即刀具自左上方向右下方走刀，可保证每次切削所留余量基本均匀。因此在背吃刀量相同的条件下，图 3-4b 所示的进给路线更为合理。

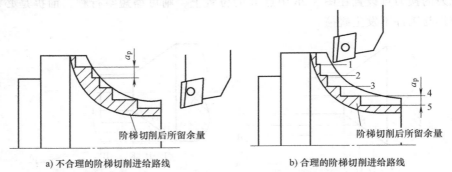

a) 不合理的阶梯切削进给路线　　　　　　　　b) 合理的阶梯切削进给路线

图 3-4　大余量毛坯的阶梯切削进给路线

根据数控车床加工的特点，在数控车削加工中还可以采用沿着毛坯轮廓加工的进给路线，刀具依次从轴向和径向两个方向进刀，如图 3-5 所示。

4. 精加工零件的连续切削进给路线

在安排一次或多次走刀进行的精加工工序时，零件的轮廓应由最后一次连续走刀加工而成。这时，加工刀具的进、退刀位置要考虑妥当，尽量不要在连续的轮廓加工中安排切入、切出、换刀或停顿，以免因切削力的突然变化而造成弹性变形，致使光滑连接的

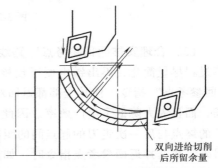

图 3-5　双向进刀的进给路线

轮廓产生表面划伤、形状突变或滞留刀痕等缺陷。

　　刀具的切入、切出点应选在工件的退刀槽或工件表面有拐点、转角的位置。若零件各部位精度要求相差不大时，应以最高的精度为准，连续加工所有部位；若零件各部位精度要求相差很大时，则精度要求接近的表面安排在同一次进给路线内加工，先加工精度要求较低的部位，再单独连续走刀加工精度要求较高的部位。

5. 特殊的进给路线

　　在数控车削加工中，一般情况下，Z坐标轴方向的进给路线都是沿着负方向进给的，但有时按其常规的负方向安排进给路线并不合理，甚至加工不出所需工件。

　　如图3-6所示，当采用尖形车刀加工大圆弧内表面零件时，安排两种不同的进给方法，其结果也不相同。对于图3-6a所示的进给方法（沿-Z方向），由于切削时尖形车刀的主偏角为$100°\sim105°$，这时切削力在X方向的较大分力F_p将沿着图3-6a中的+X方向起作用，当刀尖运动到圆弧的换象限处，即由-Z、-X方向向-Z、+X方向变换时，背向力F_p与传动横向滑板的传动力的方向相同，若螺旋副间有机械传动间隙，就可能使得刀尖嵌入零件表面（即扎刀），其嵌入量在理论上等于其机械传动间隙量e，如图3-6b所示。即使该间隙量很小，由于刀尖在X方向换向时，横向滑板进给过程的位移变化量也很小，加上处于动摩擦与静摩擦之间呈过渡状态的滑板惯性的影响，仍会导致横向滑板产生严重的爬行现象。

　　对于图3-6c所示的进给方法，因为刀尖运动到圆弧的换象限处，即由+Z、-X方向向+Z、+X方向变换时，背向力F_p与丝杠传动横向滑板的传动力的方向相反，不会受螺旋副间机械传动间隙的影响而产生嵌刀现象，所以此进给方案是比较合理的。

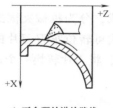　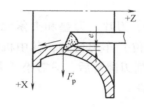　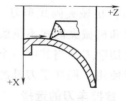

　　a) 不合理的进给路线　　　　　b) 嵌刀现象　　　　　　c) 合理的进给路线

图3-6　两种不同进给方法的比较

三、刀具的选择

　　与传统的车削加工方法相比，数控车削加工对刀具的要求更高。例如在刀具的精度、刚性、使用寿命、尺寸稳定性、安装调整的方便性等方面都提出了更高的要求。刀具的选择是数控加工工艺设计中的重要内容之一。数控车床能兼作粗、精加工，粗加工的切削用量较大，要求刀具的强度要高、使用寿命要长；精加工会直接影响产品的质量，为了保证零件的加工精度，要求刀具的精度要高。

　　选择刀具时通常要考虑机床的加工能力、加工内容、工件材料等因素。选择刀具总的原则：在满足加工要求的前提下，尽量选择较短的刀柄，以提高刀具加工的刚性。

1. 数控车刀的类型

根据加工工件的材料、技术要求、生产类型的不同以及所采用的机床类型和工艺方案的不同，选择的车刀也应有所不同。根据结构不同，可将车刀分为整体式、焊接式和机械夹固式三种类型，如图3-7所示。

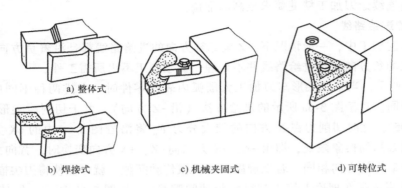

a) 整体式

b) 焊接式　　　　c) 机械夹固式　　　　d) 可转位式

图 3-7　数控车刀的类型

（1）焊接式车刀　焊接式车刀就是将硬质合金刀片用焊接的方法固定在刀体上的车刀，具有结构简单、制造方便、刚性较好等优点；缺点是在焊接时产生的焊接应力会使刀具的使用性能受到一定的影响，甚至在使用过程中产生裂纹。此外，焊接式车刀的刀杆不能重复使用，硬质合金刀片也不能充分地回收利用，从而造成了刀具材料的浪费。

根据被加工工件表面的不同，可将焊接式车刀分为切断刀、外圆车刀、端面车刀、内孔车刀、螺纹车刀和成形车刀等。

（2）机械夹固式车刀　由刀杆、刀片、刀垫和夹紧元件等组成，分为机械夹固式可重磨车刀和机械夹固式不重磨（可转位）车刀两种，其中机械夹固式可转位车刀刀片的每个边都有切削刃，当其中一个边的切削刃磨钝后，只需松开夹紧元件，将刀片转换一个位置便可继续使用，提高了刀具的使用寿命。

2. 数控车刀的选择

常用的数控车刀一般分为尖形车刀、圆弧形车刀和成形车刀等三大类。

（1）尖形车刀　尖形车刀是以直线形切削刃为特征的车刀。尖形车刀的刀尖（同时也是刀位点）由直线形的主、副切削刃交点构成，如内、外圆车刀以及端面车刀、切槽（断）车刀等。

用尖形车刀加工零件时，零件的轮廓形状主要由刀尖和直线形主切削刃位移后得到。

（2）圆弧形车刀　圆弧形车刀是一种比较特殊的数控车削加工刀具，是由一个圆度误差或轮廓误差很小的圆弧形成主切削刃的形状，该圆弧上的每一个点都是圆弧形车刀的刀尖，因此，刀位点不在该圆弧上，而在该圆弧的圆心上。圆弧形车刀的圆弧半径理论上与被加工零件的形状无关，并且可按需要灵活确定或经测定后确认。

当某些尖形车刀或成形车刀的刀尖具有一定的圆弧形状时，也可作为圆弧形车刀使用。

圆弧形车刀通常用于车削加工工件的内、外表面，特别适于车削加工各种光滑连接（凹形）的成形面。

（3）成形车刀　成形车刀又称样板车刀。其加工零件的轮廓形状完全由车刀切削刃的形状和尺寸决定。在数控车削加工中，常见的成形车刀有小半径圆弧车刀、非矩形切槽刀和螺纹车刀等。需要注意的是，在数控加工中应尽量少用或不用成形车刀，当确有必要选用时，应在工艺文件或加工程序单上进行详细说明。

3. 机械夹固式可转位车刀的选用

为了减少换刀时间和对刀方便，便于实现机械加工的标准化，在数控车削加工中，应尽量采用机械夹固式可转位车刀。

（1）刀片材料的选择　车刀刀片的材料主要有硬质合金、涂层硬质合金、陶瓷、立方氮化硼和聚晶金刚石等。其中应用最多的是硬质合金和涂层硬质合金刀片。在选择刀片时，主要依据被加工工件的材料、被加工表面的精度、表面质量要求、切削载荷的大小以及切削过程中有无冲击和振动等因素。

（2）刀片尺寸的选择　刀片尺寸的大小取决于必要的有效切削刃长度，有效切削刃长度主要与背吃刀量 a_p 和车刀的主偏角 κ_r 有关，使用时可查阅相关刀具手册。

（3）刀片形状的选择　选择刀片形状主要依据被加工工件的表面形状、切削方法、刀具寿命和刀片的转位次数等因素。按照国家标准 GB/T 2076—2007《切削刀具用可转位刀片型号表示规则》规定，根据固定方式的不同，可将刀片分为无固定孔、有圆形固定孔和有固定沿孔三种类型。刀片形状有三角形、正方形、五边形、六边形、圆形以及菱形等 11 种。具体选择根据刀夹系统而定。图 3-8 所示为常见可转位刀片形状及其刀尖角 ε_r。

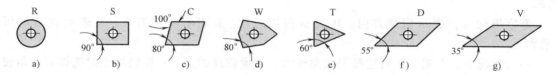

图 3-8　常见可转位刀片形状及其刀尖角

1）R 形刀片：圆形刃口，用于特殊圆弧面的加工，刀片利用率高，但径向力大。

2）S 形刀片：有四个刃口，刃口较短（是在内切圆直径相同的情况下），刀尖强度较高。主要用于 75°、45°车刀，在内孔车刀中用于加工通孔。

3）C 形刀片：有 100°和 80°两种刀尖角。100°刀尖角的两个刀尖强度高，一般做成 75°车刀，用于外圆和端面的粗加工；80°刀尖角的两个刃口强度较高，使用时不用换刀即可加工端面或圆柱面，在内孔车刀中一般用于加工台阶孔。

4）W 形刀片：有三个刃口，刃口较短，刀尖角为 80°，刀尖强度较高，主要用在普通车床上加工圆柱面和台阶面。

5）T 形刀片：有三个刃口，刃口较长，刀尖强度低，在普通车床上使用时常采用带副偏角的刀片以提高刀尖强度，主要用于 90°车刀，在内孔车刀中主要用于加工不通孔、台阶孔。

6）D 形刀片：有两个刃口，刃口较长，刀尖角为 55°，刀尖强度较低，主要用于仿形加工。被做成 93°车刀时，切入角不得大于 27°；被做成 62.5°车刀时，切入角不得大于 57°。在加工内孔时可用于台阶孔及较浅的清根。

7）V 形刀片：有两个刃口，刃口长，刀尖角为 35°，刀尖强度低，用于仿形加工。被做成 93°车刀时，切入角不大于 50°；被做成 72.5°车刀时，切入角不大于 70°；被做成

107.5°车刀时，切入角不大于35°。

（4）刀片型号表示规则　可转位刀片的型号表示规则：用九个代号表征刀片的尺寸及其他特征。代号①～⑦是必须的，代号⑧和⑨在需要时添加，见示例。

示例：一般表示规则为

	①	②	③	④	⑤	⑥	⑦	⑧	⑨		⑬
米制	T	P	U	M	16	03	08	E	N	-	…
英制	T	P	U	M	3	2	2	E	N	-	…

型号表示规则中各代号的意义如下：

①字母代号，表示刀片形状。其中正三角形刀片（T）和正方形刀片（S）最为常用，而菱形刀片（V、D）适用于仿形和数控加工。

②字母代号，表示刀片后角。

③字母代号，表示刀片精度等级。刀片精度共分11级，其中U为普通级，M为中等级，使用较多。

④字母代号，表示刀片结构。常见的有带孔和不带孔的，主要与采用的夹紧机构有关。M代表螺纹孔和单面刀片。

⑤⑥⑦数字代号，表示刀片长度、刀片厚度、刀尖角形状。

⑧字母代号，表示切削刃截面形状。例如F表示锐刃，E表示刃口倒圆，无特殊要求可省略。

⑨字母代号，表示切削方向。R表示右切刀片，L表示左切刀片，N表示左右均可（省略）。

一般情况下，在粗加工时选择刀尖角较大、强度较高的刀具；在精加工时选择刀尖角较小、切削刃较锋利的刀具。

四、切削用量的选择

在编制数控加工程序的过程中，需在人机交互状态下即时确定切削用量。因此编程人员必须熟悉切削用量的确定原则和方法，从而保证零件的加工质量和加工效率，提高企业的经济效益。

合理选择切削用量的原则：粗加工时，一般以提高加工效率为主；半精加工和精加工时，应在保证质量的前提下，兼顾切削效率和经济性。切削用量的具体数值应根据机床说明书给定的允许范围，参考切削用量手册，并结合经验选定。

切削用量通常包括背吃刀量、切削速度和进给量。

（1）背吃刀量 a_p　在工艺系统刚性和机床功率允许的条件下，粗加工时尽可能选取较大的背吃刀量，有利于减少进给次数。粗加工要为精加工留出适当的加工余量，该余量一般为0.2～0.5mm。

（2）切削速度 v_c　增大切削速度是提高生产的重要措施，但切削速度与刀具寿命关系密切。若切削速度过大，虽然可缩短切削时间，但容易使刀具产生高热，影响刀具寿命和加工质量。随着切削速度的增大，刀具寿命急剧下降，故切削速度的选择主要取决于刀具寿命。表3-1所示为硬质合金外圆车刀切削速度的参考值，供选用时参考。

表 3-1　硬质合金外圆车刀切削速度的参考值

工件材料	热处理状态	$a_p = 0.3 \sim 2mm$ $f = 0.08 \sim 0.3mm/r$ $v_c/(m/min)$	$a_p = 2 \sim 6mm$ $f = 0.3 \sim 0.6mm/r$ $v_c/(m/min)$	$a_p = 6 \sim 10mm$ $f = 0.6 \sim 1mm/r$ $v_c/(m/min)$
低碳钢、易切钢	热轧	$140 \sim 180$	$100 \sim 120$	$70 \sim 90$
中碳钢	热轧	$130 \sim 160$	$90 \sim 110$	$60 \sim 80$
	调质	$100 \sim 130$	$70 \sim 90$	$50 \sim 70$
合金结构钢	热轧	$100 \sim 130$	$70 \sim 90$	$50 \sim 70$
	调质	$80 \sim 110$	$50 \sim 70$	$40 \sim 60$
工具钢	退火	$90 \sim 120$	$60 \sim 80$	$50 \sim 70$
灰铸铁	<190HBW	$90 \sim 120$	$60 \sim 80$	$50 \sim 70$
	190～225HBW	$80 \sim 110$	$50 \sim 70$	$40 \sim 60$
高锰钢 ($w_{Mn} = 13\%$)	—	—	$10 \sim 20$	—
铜及铜合金	—	$220 \sim 250$	$120 \sim 180$	$90 \sim 120$
铝及铝合金	—	$300 \sim 600$	$200 \sim 400$	$150 \sim 200$
铸铝合金 ($w_{Si} = 13\%$)	—	$100 \sim 180$	$80 \sim 150$	$60 \sim 100$

注：切削钢及灰铸铁时，刀具寿命约为 60min。

（3）主轴转速 n　主轴转速一般根据切削速度 v_c 来选定。主轴转速的计算公式为

$$n = \frac{1000 v_c}{\pi D}$$

式中　v_c——切削速度，单位为 m/min，由刀具寿命确定，硬质合金刀具一般取 $v_c = 100 \sim 200m/min$；

$\quad\quad$ D——工件切削部分回转直径，单位为 mm；

$\quad\quad$ n——主轴转速，单位为 r/min，根据计算所得的值，查找机床说明书确定标准值。

数控机床的控制面板上一般都有主轴转速倍率开关，可在加工过程中对主轴转速进行整倍数的调整。

（4）进给量 f　进给量（单位为 mm/r）又称进给速度（单位为 mm/min），是刀具在进给运动方向上相对工件的位移量，根据工件的加工精度和表面粗糙度的要求以及刀具和工件的材料进行选择。最大的进给量受到机床的刚性和进给性能的制约，机床不同，其最大进给量也不同，通常在 20～50mm/min 范围内选取。确定进给量的原则如下。

1）当工件的质量要求能够得到保证时，为提高生产率，可选择较高的进给速度。

2）切断、车削深孔或精加工时，应选择较低的进给速度。

3）刀具空行程，特别是远距离"回参考点"时，应尽量选择较高的进给速度。

4）进给速度应与主轴转速和背吃刀量相适应。

表 3-2 和表 3-3 分别列出了硬质合金车刀粗加工外圆、端面的进给量的参考值和按表面粗糙度值选择进给量的参考值，供选用时参考。

表 3-2 硬质合金车刀粗加工外圆及端面的进给量的参考值

工件材料	车刀刀杆的宽度和高度尺寸 $B \times H$/mm	工件直径 d_w/mm	背吃刀量 a_p/mm				
			≤3	>3~5	>5~8	>8~12	>12
			进给量 f/(mm/r)				
碳素结构钢、合金结构钢及耐热钢	16×25	20	0.3~0.4	—	—	—	
		40	0.4~0.5	0.3~0.4	—	—	
		60	0.5~0.7	0.4~0.6	0.3~0.5	—	
		100	0.6~0.9	0.5~0.7	0.5~0.6	0.4~0.5	
		400	0.8~1.2	0.7~1.0	0.6~0.8	0.5~0.6	
	20×30 25×25	20	0.3~0.4	—	—	—	
		40	0.4~0.5	0.3~0.4	—	—	
		60	0.5~0.7	0.5~0.7	0.4~0.6	—	
		100	0.8~1.0	0.7~0.9	0.5~0.7	0.4~0.7	
		400	1.2~1.4	1.0~1.2	0.8~1.0	0.6~0.9	0.4~0.6
铸铁及铜合金	16×25	40	0.4~0.5	—	—	—	
		60	0.5~0.8	0.5~0.8	0.4~0.6	—	
		100	0.8~1.2	0.7~1.0	0.6~0.8	0.5~0.7	
		400	1.0~1.4	1.0~1.2	0.8~1.0	0.6~0.8	
	20×30 25×25	40	0.4~0.5	—	—	—	
		60	0.5~0.9	0.5~0.8	0.4~0.7	—	
		100	0.9~1.3	0.8~1.2	0.7~1.0	0.5~0.8	
		400	1.2~1.8	1.2~1.6	1.0~1.3	0.9~1.1	0.7~0.9

注：1. 加工断续表面及有冲击的工件时，表内进给量应乘以系数 $k = 0.75 \sim 0.85$。

2. 在无外皮加工时，表内进给量应乘以系数 $k = 1.1$。

3. 加工耐热钢及其合金时，进给量不大于 1mm/r。

4. 加工淬硬钢时，进给量应减小。当钢的硬度为 44~56HRC 时，表内进给量应乘以系数 $k = 0.8$；当钢的硬度为 57~62HRC 时，表内进给量应乘以系数 $k = 0.5$。

表 3-3 按表面粗糙度值选择进给量的参考值

工件材料	表面粗糙度值 Ra/μm	切削速度 v_c/(m/min)	刀尖圆弧半径 r_g/mm		
			0.5	1.0	2.0
			进给量 f/(mm/r)		
铸铁、青铜、铝合金	>5~10	不限	0.25~0.40	0.40~0.50	0.50~0.60
	>2.5~5		0.15~0.25	0.25~0.40	0.40~0.60
碳钢及合金钢	>5~10	<50	0.30~0.50	0.45~0.60	0.55~0.70
		>50	0.40~0.55	0.55~0.65	0.65~0.70
	>2.5~5	<50	0.18~0.25	0.25~0.30	0.30~0.40
		>50	0.25~0.30	0.30~0.35	0.30~0.50
	>1.25~2.5	<50	0.10	0.11~0.15	0.15~0.22
		50~100	0.11~0.16	0.16~0.25	0.25~0.35
		>100	0.16~0.20	0.20~0.25	0.25~0.35

注：$r_g = 0.5$mm，用于 12mm×12mm 以下刀杆；$r_g = 1$mm，用于 30mm×30mm 以下刀杆；$r_g = 2$mm，用于 30mm×45mm 及以上刀杆。

五、数控车削工艺文件

工艺文件既是数控加工、产品验收的依据，也是操作者应遵守、执行的工艺规程。其目的是让操作者更明确加工程序的内容、装夹方式、各个加工部位所选用的刀具及其他技术问题。以下提供了常用工艺文件格式，企业也可以根据实际情况自行设计工艺文件。

（1）数控编程任务书　数控编程任务书阐明了工艺人员对数控加工工序的技术要求和工序说明，以及数控加工前应保证的加工余量，是编程人员和工艺人员协调工作和编制数控程序的重要依据之一。数控编程任务书见表3-4。

（2）数控加工工序卡　数控加工工序卡与普通机械加工工序卡有较大的区别。数控加工一般采用工序集中方式，每一个加工工序可划分为多个工步，工序卡不仅应包含每一个工步的加工内容，还应包含其所用刀具号、刀具规格、主轴转速、进给速度及切削用量等内容。数控加工工序卡见表3-5。

表3-4　数控编程任务书

工艺处	数控编程任务书	产品零件图号		任务书编号	
		零件名称			
		使用数控设备		共　页　第　页	
主要工序说明及技术要求：					
		编程收到日期	月　日	经手人	
编制		审核	编程	审核	批准

表3-5　数控加工工序卡

零件图号			零件名称		
使用设备名称			使用设备型号		
换刀方式			程序编号		
刀具表		量具表		工具表	
刀具刀号	刀具名称	序号	量具名称及规格	序号	工具名称及规格
T0101		1		1	
T0202		2		2	
序号	工艺内容	切削用量			备注
		背吃刀量 a_p/mm	主轴转速 n/(r/min)	进给量 f/(mm/r)	
1					
2					
编制		审核		批准	
日期			第　页	共　页	

（3）数控加工刀具卡　数控加工刀具卡主要反映使用刀具的规格名称、编号、刀具长度和刀尖圆弧半径等内容，它是调刀人员准备刀具、机床操作人员输入刀具补偿参数的主要依据。数控加工刀具卡见表3-6。

表3-6　数控加工刀具卡

零件图号			零件名称			
使用设备名称			使用设备型号			
换刀方式			程序编号			
序号	刀具刀号	刀具名称及规格	刀尖圆弧半径及刀柄尺寸		数量	加工表面
1						
2						
3						
4						
备注			日期			
编制		审核		批准	第　页	共　页

巩固与提高

一、填空题

1. 数控车床可以完成_____等表面的加工。

2. 数控车床主要用于_____零件的加工，比较适合加工_____、_____和_____等工艺类型的零件。

3. 按数控车床系统分类，常用的数控系统有_____、_____、_____、_____和_____。

4. 按数控车床主轴的配置形式分，数控车床有_____、_____两种。

5. 按数控车床功能分类，数控车床有_____、_____、_____三类。

6. 车削中心是在普通数控车床基础上增加了_____、_____。

7. 数控车床床身和导轨的布局形式有_____、_____、_____、_____。

8. 常用数控车床有_____个坐标轴，分别是_____、_____。

9. 常用车刀结构有_____、_____和_____，数控车床最适合_____车刀。

10. 车刀按切削刃形状可分为_____、_____和_____。最常用数控车刀刀位点是_____。

二、选择题

1. （　）零件最适合使用数控车床加工。

A. 硬度特别高的　　　　　　　　　B. 形状复杂的

C. 批量特别大的　　　　　　　　　　D. 精度特别低的

2. 根据零件图样选定的编制零件加工程序的原点是（　　　）。

A. 机床原点　　　　　　　　　　　　B. 编程原点

C. 加工原点　　　　　　　　　　　　D. 刀具原点

3. 刀具远离工件的运动方向为坐标的（　　　）方向。

A. 左　　　　　　B. 右　　　　　　C. 正　　　　　　D. 负

4. 精加工时，选择切削速度的主要依据是（　　　）。

A. 刀具使用寿命　　　　　　　　　　B. 加工表面质量

C. 工件材料　　　　　　　　　　　　D. 主轴转速

5. 在安排工步时，应先安排（　　　）工步。

A. 简单的　　　　　　　　　　　　　B. 对工件刚性破坏较小的

C. 对工件刚性破坏较大的　　　　　　D. 复杂的

6. 数控车削加工工件时，工序划分一般按（　　　）方式分。

A. 零件装夹定位　　　　　　　　　　B. 刀具

C. 工件形状　　　　　　　　　　　　D. 加工部位

7. 在数控机床上安装工件，在确定定位基准和夹紧方案时，应力求做到设计基准、工艺基准与（　　　）的基准统一。

A. 夹具　　　　　　B. 机床　　　　　　C. 编程计算　　　　　　D. 工件

8. 箱体在加工时应先将箱体的（　　　）加工好，然后以该面为基准加工各孔和其他高度方向的平面。

A. 底平面　　　　　　B. 侧平面　　　　　　C. 顶面　　　　　　D. 安装孔

9. 在数控机床上，考虑工件的加工精度要求、刚性和变形等因素，可按（　　　）划分工序。

A. 粗、精加工　　　　B. 所用刀具　　　　C. 定位方式　　　　D. 加工部位

10. 切削速度的选择，主要取决于（　　　）。

A. 工件余量　　　　B. 刀具材料　　　　C. 刀具寿命　　　　D. 工件材料

三、简答题

1. 制订数控车削加工工艺方案时应遵循哪些基本原则？

2. 数控加工工艺分析的目的是什么？包括哪些内容？

项目四

数控车削编程基础

知识目标

1. 掌握数控车床坐标系的基本知识
2. 掌握数控车床编程的内容、方法
3. 掌握数控编程中程序的构成和常用程序段格式
4. 掌握数控系统常用指令格式及编程要点

数控车削加工之前，编程人员必须把加工过程中的所有动作（主轴动作、刀具动作、各坐标轴的运动及辅助动作等），按照一定的顺序编写在程序中，才能使机床按要求完成对零件的加工。这就要求编程人员具备一定的机械制造工艺、机床及刀具等方面的知识。因此，数控加工程序的编制工作是使用数控机床加工零件的重要环节之一。

使用普通机床加工零件时，操作者按工艺卡上规定的"程序"加工零件。使用数控机床加工零件时，操作者要根据零件图样分析零件的全部工艺过程、工艺参数和位移数据，用规定的指令或程序格式编制出正确的数控加工程序，并将其记录在信息载体上，输入数控装置，然后再进行加工。

一、数控机床的坐标系

为了便于在编程时描述机床的运动和空间位置，简化程序的编制方法，并保证其具有互换性，需要了解国家标准 GB/T 19660—2005《工业自动化系统与集成 机床数值控制坐标系和运动命名》中规定的内容。

1. 标准坐标系及运动方向

机床标准坐标系是笛卡儿坐标系，如图 4-1 所示。它规定了 X、Y、Z 三个坐标轴之间的关系及其正方向。拇指指向 X 轴正方向，食指指向 Y 轴正方向，中指指向 Z 轴正方向。+A、+B、+C 分别表示绕与 +X、+Y、+Z 平行轴的旋转运动，用右手螺旋法则判定其正方向，拇指指向旋转轴的正方向，其余四指所指的方向为旋转运动正方向。

2. 坐标轴正方向的确定

（1）Z 轴 标准中规定平行于机床主轴的刀具运动方向为 Z 轴方向，刀具远离工件的方向为 Z 轴正方向。当一台机床有多个主轴时，则选垂直于工件装夹平面的主轴为 Z 轴（如龙门铣床）。对于铣床、镗床、钻床等，取带刀具旋转的轴为 Z 轴。图 4-2 所示为数控车床和铣床的坐标系。

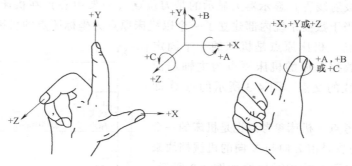

图 4-1　笛卡儿坐标系

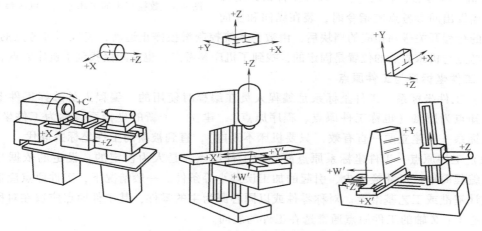

图 4-2　数控车床和数控铣床的坐标系

（2）X 轴　X 轴垂直于 Z 轴并平行于工件的装夹平面。对于工件旋转的机床（如车床、磨床等），取平行于横向滑座的方向（工件径向）为 X 轴方向，当车床为前置刀架时，X 轴正方向向前，指向操作者；当车床为后置刀架时，X 轴正方向向后，背离操作者。

（3）Y 轴　Y 轴垂直于 X、Z 轴。当 X、Z 轴的正方向确定以后，按笛卡儿坐标系即可确定 Y 轴正方向。

3. 工件相对静止而刀具产生运动的原则

不论机床的具体结构是工件静止、刀具运动，还是工件运动、刀具静止，在确定坐标系时一律假设工件相对静止而刀具运动。这一原则使编程人员在编程时不必考虑是刀具运动还是工件运动，只需根据零件图样进行编程。

4. 绝对坐标和增量坐标

以某一固定点为原点而计量的坐标为绝对坐标，用 X、Y、Z 表示。而运动轨迹中的终点以其起点为原点计量的坐标为增量坐标，用 U、V、W 表示。一般从方便编程及满足加工精度等方面选用坐标，有时也可以两者混用。

5. 机床坐标系、机床原点和机床参考点

（1）机床坐标系　由数控车床坐标原点与车床坐标轴 X、Z 轴组成的坐标系称为机床坐标系。机床坐标系是机床固有的坐标系，在机床出厂前已经预调好，不允许用户随意改动。

机床通电后，数控车床每次开机的第一步操作应为回参考点操作。当完成回参考点操作后，则 CRT（阴极射线管）显示器上显示的是刀位点（刀架中心）在机床坐标系的坐标值（空间位置），相当于数控系统内部建立了一个以机床原点为坐标原点的机床坐标系。

（2）机床原点　机床原点是机床的一个固定点，不能改变。数控车床的机床原点为主轴端面与主轴回转中心线的交点，图 4-3 所示的点 O 即为机床原点。

（3）机床参考点　机床参考点也是机床的一个固定点，其固定位置是由 Z 向与 X 向的机械挡块来确定，该点与机床原点的相对位置如图 4-3 所示，点 O′ 是机床参考点，它是 X、Z 轴离工件最远的那个点。当发出回参考点的指令时，装在纵向和横向

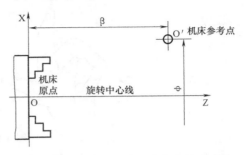

图 4-3　数控车床的机床原点与机床参考点

滑板上的行程开关碰到相应的挡块后，由数控系统控制滑板停止运动，完成回参考点的操作。由于参考点与机床原点的位置是固定的，找到了机床参考点，也就间接找到了机床原点。

6. 工件坐标系与工件原点

（1）工件坐标系　工件坐标系是编程人员在编程时使用的，编程人员选择工件上的某一个已知点为原点（也称工件原点、程序原点），建立一个新的坐标系，称为工件坐标系。工件坐标系一旦建立便一直有效（只要机床不断电），直到被新的工件坐标系取代。

（2）工件原点　工件坐标系原点简称为工件原点，是人为设定的，设定的依据是要尽量满足编程简单、尺寸换算少、引起的加工误差小等条件。一般情况下，工件原点应选在图样的设计基准或工艺基准上。对称零件或以同心圆为主的零件，其工件原点应选在对称中心线或圆心上；Z 轴的工件原点通常选在工件的表面。

建立工件坐标系的目的就是以工件原点为坐标原点，确定刀具起刀点的坐标值。工件坐标系设定之后，CRT 显示器上显示的是车刀刀尖相对工件原点的坐标值。编程时，工件的各尺寸坐标都是相对工件原点而言的。因此，数控车床的工件原点也称程序原点。

（3）对刀点　对刀点是数控加工中刀具相对于工件运动的起点，即执行零件加工程序的起始点，所以对刀点也称程序起点，对刀的目的是确定工件原点在机床坐标系中的位置，即建立工件坐标系与机床坐标系的联系。

对刀点可设在工件上并与工件原点重合，也可设在工件外任何便于对刀的地方，但该点与工件原点之间必须有确定的坐标联系。一般情况下，对刀点既是加工程序执行的起点，也是加工程序执行的终点，如图 4-4 所示。

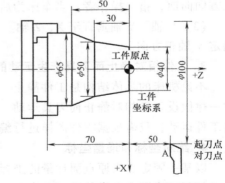

图 4-4　对刀点与起刀点的关系

二、数控机床编程基础

在编制数控加工程序时，首先必须根据零件图样选择数控机床，进行工艺分析、处理，

然后才能编制加工程序。需要注意的是，数控机床的程序编制比普通机床的工艺规程复杂得多，数控加工程序中包括了零件加工的整个过程，这就对程序员的能力提出了更高的要求。下面以 FANUC 0i-T 数控系统为例，介绍数控编程的基础知识。

（一）数控程序的编制

1. 数控编程的方法

数控编程的方法可分为手工编程和计算机编程两种。

1）手工编程就是指数控编程内容的工作全部由人工完成。对形状比较简单的工件，其计算量小，程序内容少，编程快捷、简便。对形状复杂的工件采用手工编程有一定难度，有时甚至无法实现。一般说来，由直线和圆弧组成的工件轮廓采用手工编程，非圆曲线、列表曲线组成的轮廓采用计算机编程。

2）计算机编程就是利用计算机专用软件完成数控机床程序编制工作。编程人员只需根据零件图样的要求，使用数控语言由计算机进行数值计算和工艺参数处理，自动生成加工程序，再通过通信方式传入数控机床。

2. 数控编程的步骤

一般来说，数控编程包括以下工作。

1）分析零件图，制订加工工艺方案。

根据零件图样，对零件的形状、尺寸、材料、加工精度和热处理要求等进行工艺分析，合理选择加工方案，确定工件的加工工艺路线、工序及切削用量等工艺参数，确定所用机床、刀具和夹具。

2）数学处理。数控机床一般只有直线和圆弧插补功能，因此，对于由直线和圆弧组成的平面轮廓，编程时必须求出轮廓交点的坐标。构成零件轮廓的不同几何元素的交点或切点就是基点，如直线与圆弧的交点、切点等。根据基点坐标，编写出直线和圆弧的加工程序。

在数控机床上加工除直线和圆弧之外的曲线时，数值计算较为复杂，包含曲线拟合与曲线逼近两部分。对于平面轮廓是非圆方程组成的曲线，如渐开线、阿基米德螺旋线等，必须用直线和圆弧逼近该曲线，即将轮廓曲线按编程允许的误差分割成许多小段，用直线和圆弧逼近这些小段（可采用等间距直线逼近法、等弦长直线逼近法、等误差直线逼近法和圆弧逼近法等）。逼近直线和圆弧小段与轮廓曲线的交点或切点称为节点。

基点、节点坐标值的计算方法如下。

① 基点坐标值的计算比较简单，选定坐标原点以后，就可以计算出各基点的坐标值，因此采用手工编程即可。

② 节点坐标值的计算一般比较复杂，有时必须借助计算机完成。常用的逼近计算方法有等间距直线逼近法、等弦长直线逼近法和三定点圆弧逼近法等。

a. 等间距直线逼近法是在一个坐标轴方向，将需要逼近的轮廓进行等分，再对其设定节点，然后进行坐标值计算。

b. 等弦长直线逼近法是设定相邻两点间的弦长相等，再对该轮廓曲线进行节点坐标值计算。

c. 三定点圆弧逼近法是一种用圆弧逼近非圆曲线时常用的计算方法，其实质是先用直线逼近方法计算出轮廓曲线的节点坐标值，然后再通过连续的三个节点作圆，用一段圆弧逼近曲线。

3）编写零件加工程序。根据制订的加工工艺路线、切削用量、刀具补偿量、辅助动作及刀具运动轨迹等条件，按照机床数控系统规定的功能指令及程序格式，逐段编写加工程序。

4）记录程序并输入数控机床。记录编制好的加工程序，并将其传输到数控机床中，这个过程可通过手工在操作面板直接输入，或利用通信方式输入，由传输软件把计算机上的加工程序传输到数控机床。

5）程序校验和试切。输入到数控系统的加工程序在正式加工前需要进行验证，以确保程序正确。通常可采用机床空运行的方法，检查机床动作和刀具运动轨迹是否正确；在有图形功能的数控机床上，可以利用显示的模拟加工出的图形轮廓来检查刀具运行轨迹的正确性。需注意的是，这些方法只能检验运动轨迹是否正确，不能检验被加工零件的精度。因此，需要进行零件的首件试切，当发现加工的零件不符合技术要求时，分析产生误差的原因，找出问题，修改程序或采取尺寸补偿等措施。

（二）程序格式

1. 字符与代码

字符是用于组织、控制或表示数据的一些符号，便于信息交换。数字、字母、标点符号、数学运算符都可以用作字符，常规加工程序应用四种字符：英文字母、数字和小数点、正负号、功能字符。

2. 程序字（简称字或指令字）

字是一套可以作为一个信息单元进行存储、传递和操作的有规定次序的字符，字符的个数即为字长。常规加工程序中的字都是由英文字及随后的数字组成，这个英文字称为地址字，地址字与后续数字之间可有正负号，例如 X30、Z-25。

FANUC 0i-T 数控系统常用地址字功能见表 4-1。

表 4-1　FANUC 0i-T 数控系统常用地址字功能

功能	地址字	意　　义
程序号	O,P	程序号,子程序号的指令
顺序号码	N	程序段号
准备功能	G	指令动作方式
坐标尺寸字	X,Y,Z	坐标轴的移动指令
	A,B,C,U,V,W	附加坐标轴的移动指令
	I,J,K	圆弧中心坐标
	R	圆弧半径
进给速度	F	进给速度指令
主轴功能	S	主轴转速指令
刀具功能	T	刀具编号
辅助功能	M,B	主轴、切削液的开/关,工作台分度等

3. 字的几种功能

（1）程序段号字 N　程序是一句一句编写的，一句程序称为一个程序段。程序段号字用以识别每一程序段，由地址字 N 和若干位数字组成。例如，N40 表示该程序段的段号为 40。

（2）准备功能字 G（又称 G 功能、G 指令、G 代码）　准备功能是用来建立机床或数控系统工作方式的一种命令，使数控机床做好某种操作准备，用地址字 G 和两位或三位数字表示。需要指出的是，不同生产厂家数控系统的 G 指令的功能相差大，编程时必须遵照机床使用说明书进行操作。

（3）G 指令分模态指令（续效指令）和非模态指令（非续效指令）　非模态指令只在本程序段中有效，模态指令可在连续几个程序段中有效，直到被相同组别的指令取代。指令表中标有相同数字或字母的为一组。例如 G00、G01、G02、G03、G04，其中 G04 为非模态指令，其余为模态指令。

（4）坐标尺寸字　由地址字、符号（+、−）、绝对（或相对）数值组成。坐标尺寸字的地址字有 X、Y、Z、U、V、W、P、Q、R、A、B、C、I、J、K、D、H 等。例如，X15、Y−20，其中"+"可省略。

（5）进给功能字 F　进给功能字表示加工时的进给速度，由地址字 F 和后面的若干位数字组成。

（6）主轴转速功能字 S　主轴转速功能字表示数控机床主轴转速，由地址字 S 和后面的若干位数字组成。

（7）刀具功能字 T　刀具功能字由地址字 T 和后面的若干位数字组成。数字表示刀号，数字位数由数控系统决定。

（8）辅助功能字 M（又称 M 功能、M 指令、M 代码）　辅助功能字用来控制机床辅助动作或系统的开关功能，由地址字和后面的两位数字组成。

4. 程序段格式

零件的加工程序由若干个程序段组成，如图 4-5 所示。程序段格式是指一个程序段中，字、字符、数据的书写规则，目前使用最多的是"字—地址"程序段格式。

字—地址程序段格式由程序段号字、数据字和程序段结束符组成。各字后有地址，字的排列顺序要求不严格，数据的位数可多可少，不需要的字以及与上一程序段相同的续效字可以不写。

例如，N30　G01　X50　Z−20　F100　S400　T0101　M03；

需要说明的是，数控加工程序内容、指令和程序段格式虽然在国际上有很多标准，实际上并不完全统一，所以在编制加工程序前，必须详细了解机床数控系统的编程说明书中的具体指令格式和编程方法。

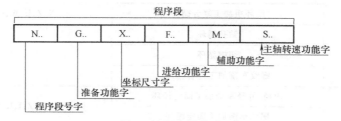

图 4-5　程序段格式

三、数控车床常用功能指令

1. G 功能

为使数控系统编制的程序具有通用性，ISO 组织和我国对某些指令做了统一的规定。FANUC 0i-T 数控系统 G 指令及功能见表 4-2。

表 4-2　FANUC 0i-T 数控系统 G 指令及功能

G 指令	组	功能	参数（后续地址字）
G00	01	快速定位	X, Z
G01		直线插补	X, Z
G02		（顺）圆弧插补	X, Z, I, K, R
G03		（逆）圆弧插补	X, Z, I, K, R
G04	00	暂停	P
G20	08	英制输入	
G21		米制输入	
G28	00	回参考点	X, Z
G29		由参考点返回	X, Z
G32	01	螺纹切削	X, Z, U, W, F
G40	07	刀尖圆弧半径补偿取消	
G41		刀尖圆弧半径左补偿	D
G42		刀尖圆弧半径右补偿	
G50		工件坐标系设定	X, Z
G53		选择机床坐标系编程	
G54	11	选择 1 号工件坐标系	
G55		选择 2 号工件坐标系	
G56		选择 3 号工件坐标系	
G57		选择 4 号工件坐标系	
G58		选择 5 号工件坐标系	
G59		选择 6 号工件坐标系	
G70	06	内径/外径精加工循环	X, Z, U, W, C, P, Q, R, E
G71		内径/外径粗加工复合循环	
G72		端面粗加工复合循环	
G73		闭环粗加工复合循环	
G74		钻孔循环	
G75		切槽循环	
G76		螺纹车削加工复合循环	
G90	01	内径/外径车削加工固定循环	X, Z, I, K, C, P, R, E
G92		螺纹车削加工固定循环	

（续）

G 指令	组	功能	参数（后续地址字）
G94	01	端面车削加工循环	X,Z,I,K,C,P,R,E
G96	02	恒线速度有效	S
G97		取消恒线速度	
G98	14	每分钟进给	
G99		每转进给	

1）指令分为若干组别，其中 00 组为非模态指令，其他组别为模态指令。所谓模态指令，是指这些 G 指令不仅在当前的程序段中起作用，而且在以后的程序段中一直起作用，直到有其他指令取代它为止。非模态指令则是指某个指令只是在出现这个指令的程序段内有效。

2）同一组的指令能互相取代，后出现的指令取代前面的指令。因此，同一组的指令如果出现在同一程序段中，最后出现的那一个才是有效指令。一般来讲，同一组的指令出现在同一程序段中是没有必要的。例如 G01　G00　X120　F100；表示刀具将快速定位到 X 坐标为 120 的位置，而不是以 100mm/min 速度走直线到 X 坐标为 120 的位置，所以 F100 地址字对本程序段的动作无意义。

2. M 功能

M 功能也称辅助功能，主要是命令数控机床的一些辅助设备实现相应的动作。FANUC 0i-T 数控系统常用的 M 指令及功能见表 4-3。

表 4-3　FANUC 0i-T 数控系统 M 指令及功能

M 指令	功能	M 指令	功能
M00	程序停止	M07	1 号切削液开
M01	选择停止	M08	2 号切削液开
M02	程序结束	M09	切削液关
M03	主轴正转	M30	程序结束返回程序起点
M04	主轴反转	M98	调用子程序
M05	主轴停转	M99	返回主程序（子程序结束）
M06	换刀		

（1）M00 指令　这一指令一般用于程序调试、首件试切削时检查工件加工质量及精度等需要让主轴暂停的场合。执行该指令时主轴停转、进给停止，而全部现存的模态信息不变，按机床操作面板上的"循环启动"按钮之后，程序继续执行。

（2）M01 指令　该指令的作用与 M00 相似，不同的是必须在机床操作面板上预先按下"选择停止"按钮，当执行完 M01 指令程序段之后，程序停止，按"循环启动"按钮之后，继续执行下一段程序；如果不预先按下"选择停止"按钮，系统则会跳过 M01 指令程序段，即 M01 指令程序段无效。

（3）M02 指令　该指令自动将主轴停止、切削液关闭，程序指针（可以认为是光标）停留在程序的终点，不会自动回到程序的起点。

（4）M03 指令　主轴正转指令，即由尾座向主轴看时，主轴向逆时针方向旋转。

（5）M04 指令　主轴反转指令，即由尾座向主轴看时，主轴向顺时针方向旋转。

（6）M05 指令　M05 指令一般用于以下情况。

1）程序结束前（常可省略，因为 M02、M30 指令都具有使主轴停转的功能）。

2）在数控车床主轴换档时。若数控车床主轴有高速档和低速档，则在换档之前必须使用 M05 指令使主轴停止，以免损坏换档机构。

3）主轴正、反转之间的转换，也必须使用 M05 指令使主轴停止后，再用转向指令进行转向，以免伺服电动机受损。

（7）M07 指令　该指令为打开 1 号切削液。

（8）M09 指令　这一指令常可省略，因为 M02、M30 指令都具有停止冷却泵的功能。

（9）M30 指令　该指令与 M02 指令的区别是 M30 指令使程序结束后，程序指针自动回到程序的起点，以方便执行下一个程序段，其他方面的功能与 M02 指令功能一样。

（10）M98 指令　程序运行至 M98 指令时，将跳转到该指令所指定的子程序中执行。

编程格式：M98 P ＿ L ＿；

其中，P 为指定子程序的程序号；L 为调用子程序的次数，如果只有一次，则可省略。

（11）M99 指令　M99 指令用于子程序结束，也就是子程序的最后一个程序段。当子程序运行至 M99 指令时，数控系统计算子程序的执行次数，如果没有达到主程序编程指定的次数，则程序指针返回子程序的起点继续执行子程序；如果达到主程序编程指定的次数，则返回主程序中 M98 指令的下一个程序段继续执行。

M99 指令也可用于主程序的最后一个程序段，此时程序指针会跳转到主程序的第一个程序段继续执行，不会停止，也就是说程序会一直执行下去，除非按下系统操作面板上的"复位"按键 RESET，程序才会中断执行。

使用 M 功能指令时，一个程序段中只允许出现一个 M 指令，若出现两个，则后出现的那一个有效，前面的 M 功能指令会被忽略。例如，G97 S2000 M03 M07；程序段在执行时，切削液会打开，但主轴不会正转。

3. F、S、T 功能

（1）F 功能　F 功能也称进给功能，地址字 F 后面的数据直接指定进给速度，但是速度的单位有两种，一种是单位时间内刀具移动的距离（mm/min）；另一种是工件每旋转一圈，刀具移动的距离（mm/r）。

编程格式：F ＿；

具体用哪一种单位，由 G98 和 G99 指令决定，前者指定 F 的单位为 mm/min（每分钟进给），后者指定 F 的单位为 mm/r（每转进给），两者都是模态指令。

（2）S 功能　S 功能也称主轴转速功能，它主要用于指定主轴转速。

编程格式：S ＿；

其中，地址字 S 后面的数字为主轴转速，单位为 r/min，例如，M03 S1200；表示程序命令机床主轴以 1200r/min 的转速转动。

在具有恒线速度功能的机床上，S 功能指令还有如下作用。

1）恒线速度控制。

编程格式：G96 S ＿；

其中，地址字 S 后面的数字表示的是恒定的线速度，单位为 m/min。

2）恒线速度控制取消。

编程格式：G97　S___；

其中，地址字 S 后面的数字表示恒线速度控制取消后的主轴转速，如果地址字 S 后面的数字未指定，将保留 G96 的最终值。例如，G97　S3000；表示恒线速度控制取消后主轴转速为 3000r/min。

（3）T 功能　T 功能也称刀具功能，在数控车床上加工时，需尽可能采用工序集中的方法安排工艺。因此，往往在一次装夹下需要完成粗加工、精加工、螺纹加工、切槽等多道工序。这时，需要给加工中用到的每一把刀分配一个刀具号（由刀具在刀座上的位置决定），通过程序来指定所需要的刀具，机床就选择相应的刀具。

编程格式：T___；

其中，地址字 T 后面接四位数字，前两位数字为刀具号，后两位数字为补偿号。如果前两位数字为 00，表示不换刀；后两位数字为 00，表示取消刀具补偿。例如，

T0414　表示换成 4 号刀具，采用 14 号刀具补偿；

T0005　表示不换刀，采用 5 号刀具补偿；

T0100　表示换成 1 号刀具，取消刀具补偿。

一般来讲，用多少号刀，其补偿值就放在多少号补偿中。什么是刀具补偿呢？以图 4-6 所示的最简单的四方刀架为例进行说明。

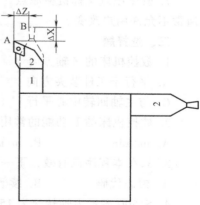

假设刀架上装有两把刀，1 号刀具的刀位点在点 A 处，当 2 号刀具换到 1 号刀具的位置时，其刀位点处于点 B 的位置，一般来讲，A、B 两点的位置是不重合的。换刀后，刀架并没有移动（如果没有补偿），也就是说，此时数控系统显示的坐标没有发生变化，实际上并不需要它发生变化。这时，需要将点 B 移到与点 A 重合的位置，同时保持数控系统的坐标值不变。如何做到这一点呢？数控系统是通过补偿来实现的，事先将 A、B 两点间的坐标差 ΔX、ΔZ 测量出来，输入到数控系统中存储起来，当 2 号刀具换到 1 号刀具的位置上后，数控系统发出指令，让刀架移动 ΔX、ΔZ 的距离，使点 B 与点 A 重

图 4-6　刀具位置补偿示意图

合，同时保持数控系统的坐标值不变，这种补偿称为刀具位置补偿。在数控车床系统中，除了刀具位置补偿外，还有刀尖圆弧半径补偿。这些补偿值由机床操作人员测量出来后输入到数控系统中存储起来，然后根据数控程序在换刀时调用相应的补偿号即可。

巩固与提高

一、填空题

1. 数控车床坐标系采用_____坐标系。

2. 数控车床的 Z 轴为_____。

3. 数控车床坐标系是以机床原点为坐标系建立起来的_____坐标系。

4. 数控车床的机床原点一般为_____的交点。

5. _____也是机床上的一个固定点，它是用机械挡块或电气装置来限制刀架移动的极限位置。

6. _____坐标系的原点可由编程人员根据具体情况确定，一般设在图样的设计基准或工艺基准处。

7. 数控编程可分为_____编程和_____编程两大类。

8. 目前使用最多的程序段格式是_____程序段格式。

二、判断题

1. 未曾在机床运行过的新程序在调入后最好先进行校验运行，正确无误后再启动自动运行。　　　　　　　　　　　　　　　　　　　　　　　　　　　　（　　）

2. 在循环加工时，当执行有 M00 指令的程序段后，如果要继续执行下面的程序，必须按机床操作面板上的"进给保持"按钮。　　　　　　　　　　　　　　　　（　　）

3. M09 指令表示切削液打开。　　　　　　　　　　　　　　　　　（　　）

4. 准备功能又称 M 功能。　　　　　　　　　　　　　　　　　　　（　　）

5. 辅助功能又称 G 功能。　　　　　　　　　　　　　　　　　　　（　　）

6. 直接根据机床坐标系编制的加工程序不能在机床上运行，所以必须根据工件坐标系编程。　　　　　　　　　　　　　　　　　　　　　　　　　　　　（　　）

7. 机床原点又称机械原点，是机床上一个固定点，其位置是由机床设计制造单位确定，通常不允许用户改变。　　　　　　　　　　　　　　　　　　　　　　（　　）

三、选择题

1. 数控机床的 Z 轴方向（　　　）。

A. 平行于工件装夹方向　　　　　　　　　　B. 垂直于工件装夹方向

C. 与主轴回转中心平行　　　　　　　　　　D. 不确定

2. 数控机床的 F 功能的常用单位为（　　　）。

A. m/min　　　　　　B. m/min 或 mm/r　　　　C. m/r　　　　　　D. r/mm

3. 只在本程序段有效，下一程序段需要时必须重写的代码称为（　　　）。

A. 模态代码　　　　B. 续效代码　　　　C. 非模态代码　　　D. 准备功能代

4. S1500 表示主轴转速为 1500（　　　）。

A. m/s　　　　　　　B. mm/min　　　　　　C. r/min　　　　　　D. mm/s

5. 在 FANUC 0i 数控系统中，指令 M98 P50412 的含义是（　　　）。

A. 调用 504 号子程序 12 次　　　　　　　　B. 调用 0412 号子程序 5 次

C. 调用 5041 号子程序 2 次　　　　　　　　D. 调用 412 号子程序 50 次

6. 子程序调用结束指令为（　　　）。

A. M98　　　　　　　B. M99　　　　　　　　C. G98　　　　　　　D. G99

7. 数控系统中的一个程序段为 N10　G01　X-Y__F__；其后续程序段中有（　　　）指令才能取代 G01。

A. G50　　　　　　　B. G10　　　　　　　　C. G04　　　　　　　D. G00

四、简答题

1. 简述数控编程的基本步骤。

2. 简述 FANUC 0i-T 数控系统中 M02 与 M30 指令的区别。

项目五

数控车床基本操作方法

知识目标

1. 熟悉数控系统机床操作面板上各按键和旋钮的功用及使用方法

2. 掌握数控系统 CRT/MDI 系统操作面板上各按键的功用

3. 掌握数控车床的开、关机方法

4. 掌握数控车床各坐标轴回参考点的操作方法

5. 掌握数控车削加工程序输入和编辑的方法和步骤

技能目标

1. 熟练操作 FANUC 0i-T 数控系统机床操作面板、CRT/MDI 系统操作面板上各按键和旋钮的功用及使用方法

2. 熟练掌握数控车削加工程序输入和编辑的方法和步骤

不同数控机床厂家生产的数控机床的机床操作面板和系统操作面板是不同的，本书以 FANUC 0i-T 数控系统为例，介绍数控车床控制面板各按键和旋钮的功能。

FANUC 0i-T 数控系统控制面板由机床操作面板（图 5-1）和 CRT/MDI 系统操作面板（图 5-2）组成。

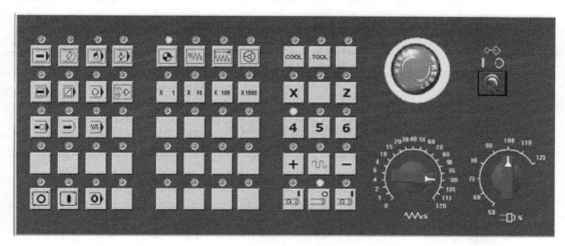

图 5-1　FANUC 0i-T 数控系统机床操作面板

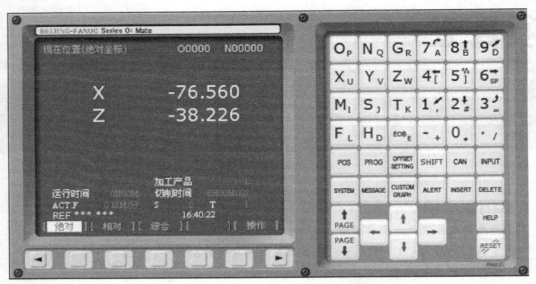

图 5-2　FANUC 0i-T 数控系统 CRT/MDI 系统操作面板

一、FANUC 0i-T 数控系统机床操作面板各按键、旋钮的功用（表5-1）

表 5-1　FANUC 0i-T 数控系统机床操作面板各按键、旋钮名称及功能

按键或旋钮	名称及功能
	AUTO 键。自动加工模式
	EDIT 键。用于直接通过操作面板输入数控程序和编辑程序
	MDI 键。手动数据输入
	INC(增量进给)键。脉冲增量进给
	HND 键。手轮模式移动台面或刀具
	JOG 键。手动模式,手动连续移动台面和刀具
	DNC 键。通过 RS232 接口将数控系统与计算机相连并传输文件

（续）

按键或旋钮	名称及功能
⊕	REF 键。手动回机床参考点
▯	循环启动键。模式选择旋钮在"AUTO"和"MDI"位置时按下此键有效，其余时间按下无效
⊙	循环停止键。在程序运行中，按下此键，停止程序运行
⟳	手动控制开关。手动模式下按下此键，机床主轴正转
⟲	手动控制开关。手动模式下按下此键，机床主轴反转
⊘	手动控制开关。手动模式下按下此键，主轴停转
TOOL	刀具选择键。按下此键，在刀库中选刀
X 1	选择手动移动，脉冲增量方式时每一步距离，×1 为 0.001mm
X 10	选择手动移动，脉冲增量方式时每一步距离，×10 为 0.01mm
X 100	选择手动移动，脉冲增量方式时每一步距离，×100 为 0.1mm
X1000	选择手动移动，脉冲增量方式时每一步距离，×1000 为 1mm
X	X 方向手动进给键
Z	Z 方向手动进给键
+	正方向进给键
−	负方向进给键

（续）

按键或旋钮	名称及功能
	快速进给键。手动方式下,同时按住此键和一个坐标轴点动方向键,坐标轴以快速进给速度移动
	空运行键。按下此键,各轴以固定的速度运动
	机床锁住开关键。按下此键,机床各轴被锁住
	程序停止键。自动模式下,遇到 M00 指令,程序停止
	单段执行键
	进给速度调节旋钮。调节程序运行中的进给速度,调节范围为 0~120%
	主轴转速调节旋钮。调节主轴转速,调节范围为 50%~120%
	程序编辑开关。置于"ON"位置,可编辑或修改程序
	紧急停止按钮。按下此铵钮可使机床和数控系统紧急停止,旋转按钮可释放

二、FANUC 0i-T 数控系统 CRT/MDI 系统操作面板各按键的功用 （表 5-2）

表 5-2　FANUC 0i-T 数控系统 CRT/MDI 系统操作面板各按键名称及功能

按键	名称及功能
O_P N_Q G_R 7_A 8_B 9_C X_U Y_V Z_W 4_[5_] 6_SP M_I S_J T_K 1_/ 2_# 3_= F_L H_D EOB_E - . ,	数字/字母键。用于输入数据到输入区域，系统自动判别取字母还是取数字。 字母和数字键通过 SHIFT 键切换输入，例如 O—P，7—A
编辑键 ALTER	替换键。用输入的数据替换光标所在的数据
DELTE	删除键。删除光标所在的数据；或者删除一个程序或者删除全部程序
INSERT	插入键。把输入区之中的数据插入到当前光标之后的位置
CAN	取消键。消除输入区内的数据
EOB E	换行键。结束一行程序的输入并且换行
SHIFT	上档键
页面切换键 PROG	程序显示与编辑页面
POS	位置显示页面。位置显示有三种方式，用 PAGE 键选择
OFSET SET	参数输入页面。按第一次进入坐标系设置页面，按第二次进入刀具补偿参数页面。进入不同的页面以后，用 PAGE 键切换

（续）

按键	名称及功能
SYSTM	系统参数页面
MESGE	信息页面,例如"报警"
CUSTM GRAPH	图形参数设置页面
HELP	系统帮助页面
PAGE↑	向上翻页
PAGE↓	向下翻页
↑	向上移动光标
↓	向下移动光标
←	向左移动光标
→	向右移动光标
INPUT	输入键。把输入区内的数据输入参数页面
RESET	复位键

（表格左侧分类：页面切换键、翻页键、光标移动键、输入键）

三、FANUC 0i-T 数控系统操作方法

1. 启动程序加工零件

1）按机床操作面板上的"AUTO"键 ➡。

2）选择一个程序（参照下面介绍的选择程序方法）。

3）按机床操作面板上的"循环启动"键 ▮ 。

2. 试运行程序

试运行程序时，机床和刀具不切削零件，仅运行程序。

1）按机床操作面板上的"空运行"键 ▥ 。

2）选择一个程序（如 O0001）后，按 CRT/MDI 系统操作面板上的光标移动键 ↓ ，向下移动光标，调出程序。

3）按机床操作面板上的"循环启动"键 ▮ 。

3. 单段运行

1）按机床操作面板上的"单段执行"键 ▣ 。

2）程序运行过程中，每按一次"循环启动"键 ▮ ，数控系统执行一条指令。

四、手动操作数控机床

1. 数控车床的启动

1）在起动数控车床前，检查数控机床有无异常。例如，检查电压、气压是否正常，各按键、旋钮是否完好，前门和后门是否已关闭。

2）将数控车床背面旋转开关置于"ON"位置，接通电源。

3）在机床操作面板上按 系统启动 键，旋开"紧急停止"按钮。

4）检查 CRT 显示器页面的显示。

2. 数控机床回参考点

1）按"回参考点（REF）"键 ▣ 。

2）先按机床操作面板上的+X 方向键，直至参考点指示灯亮，CRT 显示屏上 X 轴机械坐标值为 0。

3）再按+Z 方向键，直至参考点指示灯亮，CRT 显示屏上 Z 轴机械坐标显示为 0。

3. 移动机床坐标轴

手动移动机床坐标轴的方法有以下三种。

方法一：按"快速进给"键 ▥ 。这种方法用于较长距离的工作台移动，操作步骤如下。

1）按"手动模式"键 ▥ 。

2）选择各坐标轴，按正、负方向进给键 ＋ 、 － ，机床各坐标轴移动，松开按键后各坐标轴停止移动。

3）按"快速进给"键 ▥ ，各坐标轴快速移动。

方法二：按"增量进给"键 ▥ 。这种方法用于各坐标轴的微量调整，例如用在对基准操作中，操作步骤如下。

1）按"增量进给"键 ▥ ，按脉冲增量方式键 X1 X10 X100 X1000 选择步进量。

2）选择各坐标轴，每按一次"增量进给"键，机床各轴移动一步。

方法三：按"手轮进给"键。这种方法用于各坐标轴的微量调整。在实际生产中，使用该方法可以让操作者容易控制和观察机床坐标轴移动。

4. 开、关机床主轴

1）按"手动模式"键

2）按机床主轴手动控制键，机床主轴正转，按机床主轴手动控制键，机床主轴反转，按机床主轴手动控制键，主轴停转。

5. 选择一个程序

方法一：按程序号搜索程序

1）按"编辑"键。

2）按 CRT/MDI 系统操作面板上的"程序"键，输入字母"O"。

3）输入数字"7"，"O7"即为搜索的程序号。

4）按光标移动键 ↓ 开始搜索程序；找到后，"O7"程序号显示在 CRT 显示屏的右上角，"O7"数控程序显示在 CRT 显示屏上。

方法二：进入自动加工模式选择程序

1）按"编辑"键。按 CRT/MDI 系统操作面板上的"程序"键。

2）输入"O7"程序名。

3）按 CRT 显示屏上的［程序］软键，按［操作］软键，显示［O检索］软键，按［O检索］软键，"O7"程序显示在 CRT 显示屏上。

4）可输入程序段号"N30"，按［N检索］软键搜索程序段。

6. 删除一个程序

1）模式置于"EDIT"，按"编辑"键。

2）按"程序"，输入字母"O"。

3）输入数字"7"，"O7"即为要删除的程序的号码。

4）按"删除"键，"O7"NC 程序被删除。

7. 删除全部程序

1）模式置于"EDIT"，按"编辑"键。

2）按"程序"键，，输入字母"O"。

3）输入"-9999"。

4）按"删除"键，全部程序被删除。

8. 编辑数控程序（插入、替换操作）

1）模式置于"EDIT"，按"编辑"键。

2）按"程序"键。

3）输入被编辑的数控程序名，例如"O7"，按"插入"键即可编辑该程序。

4）按光标移动键或翻页键移动光标至程序编辑位置。

5）输入数据。按数字/字母键，数据被输入到输入区域。"取消"键 CAN 用于删除输入域内的数据。

9. 编辑字（删除、插入、替代）

打开程序，并处于编辑工作模式下，按"删除"键 DELTE，删除光标所在位置的字；按"插入"键 INSERT，把输入区域的字插入到光标所在位置字的后面；按"替换"键 ALTER，用输入区域的字替代光标所在位置的字。

10. 通过操作面板手工输入数控程序

1）模式置于"EDIT"，按"编辑"键 ⌀ 。

2）按"程序"键 PROG 。

3）输入新程序名（输入的程序名不可以与已有程序名重复），如"O7"。

4）按"插入"键 INSERT，开始输入程序。

5）按 EOB E → INSERT 键，换行后继续输入程序。

6）按［DIR］软键可显示数控系统中已有程序目录。

11. 从计算机输入一个程序

数控程序可在计算机上建文本文件编写，文本文件（*.txt）后缀名必须改为 *.nc 或 *.cnc。

1）选择编辑工作模式，按"程序"键 PROG 切换到程序页面。

2）新建程序名"O××××"，按"插入"键 INSERT 进入编程页面。

3）单击"打开"按钮 🖆 打开计算机目录下的文本文件，程序显示在当前屏幕上。

12. 输入零件原点参数

1）按系统操作面板上的"参数补偿"键 OFSET SET 进入参数设定页面，如图 5-3 所示。

2）用翻页键 PAGE↓ 、 PAGE↑ 或光标移动键 ↓ 、 ↑ 选择坐标系。在输入区域输入地址字（X/Y/Z）和数值。方法参考"输入数据"操作。

3）按"输入"键 INPUT，把输入区域中间的内容输入到所指定的位置。

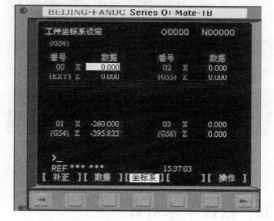

图 5-3　FANUC 0i Mate-TB 数控系统坐标系设定界面

13. 输入刀具补偿参数

1）按"参数补偿"键 OFSET SET 进入参数设定页面，按［补正］软键。

2）用翻页键 PAGE↑ 、 PAGE↓ 选择刀具长度补偿和刀尖圆弧半径补偿，如图 5-4 所示。

3）用光标移动键 ↓ 、 ↑ 选择补偿参数编号。

4）输入补偿值到长度补偿地址字 H 或刀尖圆弧半径补偿地址字 D 所在位置。

5）按"输入"键 INPUT，把输入的补偿值指定到相应位置。

14. 位置显示

按"位置显示"键 POS，切换到位置显示页面。用翻页键 PAGE、PAGE，或者软键切换显示位置。

15. MDI 手动数据输入

1）按"MDI"键，切换到 MDI 模式。

2）按"程序"键 PROG，再按［MDI］软键，自动弹出加工程序的分程序段号"N10"，输入程序如 G00 X50。

3）按"输入"键 INSERT，程序段"N10 G00 X50;"被输入。

4）按"循环启动"键，运行程序。

16. 零件坐标系（绝对坐标系）**位置**（图 5-5）

1）"绝对坐标"区域：显示机床在当前坐标系中的位置。

2）"相对坐标"位置：显示机床坐标相对于前一位置的坐标。

3）［综合］软键：同时显示机床在以下坐标系中的位置。

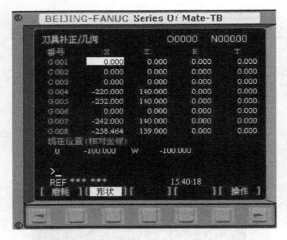

图 5-4　FANUC 0i-T（车床）刀具补正页面

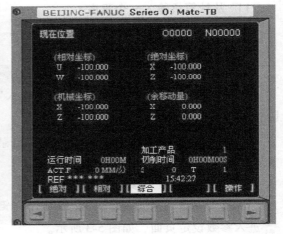

图 5-5　FANUC 0i Mate-TB 数控系统坐标系位置

五、数控车床对刀

1. 对刀原理

数控车削中，应首先确定零件的加工原点，以建立准确的加工坐标系，同时考虑刀具尺寸对加工的影响。这些都需要通过对刀来解决。

对刀是数控加工中比较复杂的工艺准备工作之一。对刀的精度将直接影响加工程序的编制及零件的尺寸精度。通过对刀或刀具预调，可同时测定其各号刀具的刀位偏差，有利于设定刀具补偿值。

刀位点是指在加工程序编制中表示刀具特征的点，也是对刀和加工的基准点。数控车床常用刀具结构如图 5-6 所示，常用刀具刀位点如图 5-7 所示。

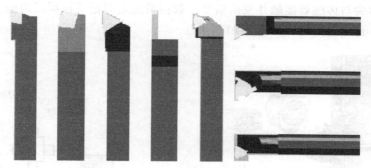

图 5-6　常用刀具结构

　　对刀是数控加工中的主要操作，在加工程序执行前，调整每把刀的刀位点，使其尽量重合于某一理想基准点，这一过程称为对刀。理想基准点可以设定在刀具上，例如基准刀的刀尖上，也可以设定在刀具外，例如光学对刀镜内的十字刻线交点上。对刀的方法，主要有以下几种。

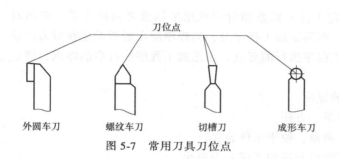

图 5-7　常用刀具刀位点

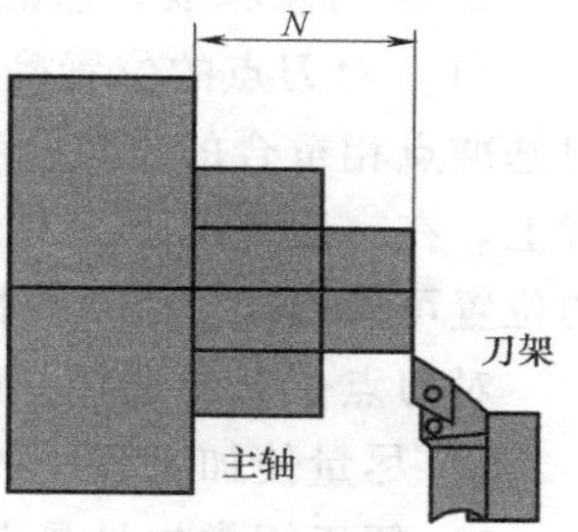

图 5-8　相对位置检测对刀

　　（1）一般对刀（手动对刀）　一般对刀是指在机床上利用相对位置检测手动对刀，如图 5-8 所示。手动对刀是基本对刀方法，但它还是没跳出传统车床的"试切→测量→调整"的对刀模式，在机床上占用较多的时间。目前大多数经济型数控车床采用手动对刀，其基本方法有以下几种。

　　1）定位对刀法。定位对刀法的实质是按接触式设定基准重合原理而进行的一种粗定位对刀方法，其定位基准由预设的对刀基准点来体现。该方法简便易行，因而得到较广泛的应用，但其对刀精度受到操作者技术熟练程度的影响，一般情况下其精度都不高，还须在加工或试切中修正。

　　2）光学对刀法。光学对刀法是一种按非接触式设定基准重合原理而进行的一种对刀方法，其定位基准通常由光学显微镜（或投影放大镜）上的十字基准刻线交点来体现。这种对刀方法比定位对刀法的对刀精度高，并且不会损坏刀尖，是一种推广采用的方法。

　　3）试切对刀法。定位对刀法和光学对刀法的对刀精度，均可能受到手动和目测等多种误差的影响，而试切对刀法可使对刀精度更加准确和可靠。

　　（2）机外对刀仪对刀　机外对刀仪对刀的实质是测量出刀具假想刀尖点到刀具台基准之间 X 方向及 Z 方向的距离。利用机外对刀仪可将刀具预先在机床外校正，以便在刀具装上机床后将对刀长度输入相应的刀具补偿号后便可使用，如图 5-9 所示。

　　（3）自动对刀　自动对刀是通过刀尖检测系统实现的，刀尖以设定的速度向接触式传感器接近，当刀尖与传感器接触并发出信号，数控系统立即记下该瞬间的坐标值，并自动修正刀具补偿值。自动对刀过程如图 5-10 所示。

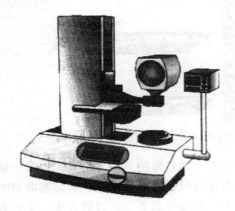

图 5-9　机外对刀仪

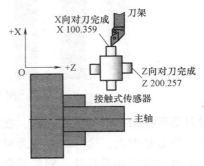

图 5-10　自动对刀

2. 对刀点和换刀点的位置确定

（1）对刀点的位置确定　用以确定工件坐标系相对于机床坐标系之间的关系，并与对刀基准点相重合的位置，称为对刀点。在编制加工程序时，其程序原点通常设定在对刀点位置上。在一般情况下，对刀点既是加工程序执行的起点，也是加工程序执行后的终点，该点的位置可由 G00、G50 等指令设定。

对刀点位置的选择一般遵循下面的原则：

1）尽量使加工程序的编制工作简单、方便。

2）便于用常规量具在车床上进行测量，便于工件装夹。

3）该点的对刀误差应较小，或可能引起的加工误差为最小。

4）尽量使加工程序中的引入（或返回）路线短，并便于换（转）刀。

5）应选择在与车床约定的机械间隙状态（消除或保持最大间隙方向）相适应的位置上，避免在执行自动补偿时造成"反向补偿"。

（2）换刀点位置的确定　换刀点是指在编制数控车床多刀加工的加工程序时，相对于车床固定原点而设置的一个自动换刀的位置。

换刀点的位置可设定在程序原点、车床固定原点或浮动原点上，其具体的位置应根据工序内容而定。为了防止换刀时碰撞到被加工零件或夹具、尾座而发生事故，除特殊情况外，换刀点几乎都设置在被加工零件的外面，并留有一定的安全区。

3. 设定刀具偏置量

（1）Z 方向偏置量的设定（车端面）

1）在 MDI 模式下输入 "M03 S300;" 指令，按机床操作面板上的"循环启动"键■，使主轴正转。

2）切换成手动（JOG）模式，移动刀具切削工件右端面，如图 5-11 所示。

3）仅在 X 正方向上退刀，刀具在 Z 方向位置不变，停止主轴旋转。

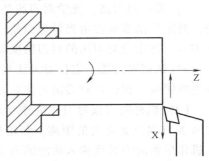

图 5-11　刀具 Z 方向偏置

4）按"参数补偿"键 OFF/SET ，在弹出的界面中按［补正］软键（［OFFSET］）→［形状］软键（［GEOMETRY］），显示刀具补偿界面如图 5-12 所示。

5）用翻页键和光标键将光标移动至欲设定刀号的 Z 方向偏置号处。

6）按地址键 Z 0 。

7）按［测量］软键（［MESURE］），则测量值与编程的坐标值之间的差值作为偏置量被设为指定的刀偏号。

8）如果要直接设定补偿值，可以直接输入一个值并按下［输入］软键（［INPUT］），则输入值替换原有值。如果要改变补偿值，可以输入一个值并按下［+输入］软键（［+IN-PUT］），则输入值与当前值相加（也可设负值）。

9）如果要设定刀具磨损量，则将步骤 3）改为：按功能键 OFF/SET →［补正］软键（［OFFSET］）→［磨耗］软键（［WEAR］），显示刀具磨损补偿画面，如图 5-13 所示。

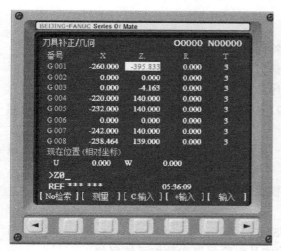

图 5-12　刀具补偿界面

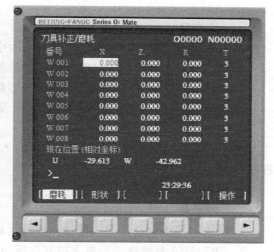

图 5-13　刀具磨损偏置界面

（2）X 方向偏置量的设定（车外圆）

1）在 MDI 模式下输入"M03 S300;"指令，按机床操作面板上的"循环启动"键，使主轴正转。

2）切换成手动（JOG）模式，移动刀具切削工件外圆表面，如图 5-14 所示。

3）仅在 Z 正方向上退刀，刀具在 X 方向位置不变，停止主轴。

4）测量工件外圆表面的直径值。

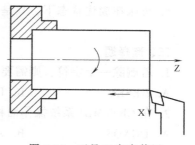

图 5-14　刀具 X 方向偏置

5）按"参数补偿"键 OFF/SET ，在弹出的界面中按［补正］软键（［OFFSET］）→［形状］软键（［GEOMETRY］），显示刀具补偿界面如图 5-13 所示。

6）用翻页键和光标键将光标移动至欲设定刀号的 X 方向偏置号处。

7）按地址键 X 及所测量圆周表面的直径。

8）按［测量］软键（［MESURE］），则测量值与程编的坐标值之间的差值作为偏置量被设为指定的刀偏号。

4. 验证对刀的正确性

（1）检验 Z 方向对刀的正确性　在手动（JOG）模式下使刀具沿 X 正方向离开工件；切换至 MDI 模式，按"程序"键 PROG，输入"T0101 G00 Z0"指令；按机床操作面板上的"循环启动"键 ■，运行程序测试；观察刀尖是否与工件右端面处于同一平面，如果是，则对刀正确。

（2）检验 X 方向对刀的正确性　在手（JOG）模式下使刀具沿 Z 正方向离开工件；切换至 MDI 模式，按"程序"键 PROG，输入"T0101 G00 X0；"指令；按机床操作面板的"循环启动"键 ■，运行程序测试；观察刀尖是否处于工件轴线上，如果是，则对刀正确。

巩固与提高

一、填空题

1. _____为字符替换键，_____为字符插入键，_____为字符删除键。

2. 按_____键可删除已输入到缓冲器的最后一个字符或符号。

3. _____键为换行键，用来结束一行程序的输入并且换行。

4. 回参考点时，为了保证数控车床及刀具的安全，一般要先回_____轴再回_____轴。

5. _____方式用来在系统键盘上输入一段程序，然后按"循环启动"键执行该段程序。

6. 主轴功能按钮只在_____或_____模式下有效。

二、判断题

1. 数控程序编制功能常用的插入键是［INSERT］键。　　　　　　　　　（　　）

2. CRT/MDI 系统操作面板上的复位键的功能是解除报警和数控系统复位。　（　　）

3. 为了加工需要，操作者可以随意修改和删除机床参数。　　　　　　　（　　）

4. 机床在锁住状态下，只是锁住了各伺服轴的运动，主轴、冷却装置和刀架照常工作。

　　　　　　　　　　　　　　　　　　　　　　　　　　　　　　　　　（　　）

三、选择题

1. 若删除一个字符，则需要按（　　　）键。

A. RESET　　　　　　B. HELP　　　　　　C. INPUT　　　　　D. CAN

2. 在 CRT/MDI 系统操作面板的功能键中，用于报警显示的键是（　　　）。

A. DGNOS　　　　　B. ALARM　　　　　C. PARAM　　　　　D. POS

3. 数控程序编制功能常用的删除键是（　　　）。

A. INSRT　　　　　B. ALTER　　　　　C. DELETE　　　　　D. POS

4. 数控机床在（　　　）时模式选择开关应置于 MDI 位置。

A. 自动状态　　　　B. 回参考点　　　　C. 手动数据输入　　D. 手动进给

5. 在机床操作过程中，如果出现紧急情况，应立即按下（　　　）按钮，机床的全部动作停止，该按钮同时自锁。

A. 启动　　　　　　　B. 自动　　　　　　　C. 复位　　　　　　　D. 急停

6. 数控机床在回参考点时,模式选择开关应置于(　　　)位置。

A. JOG FEED　　　　　B. MDI　　　　　　　C. ZERO RETURN　　D. HANDLE FEED

7. 数控机床在手动进给状态时,模式选择开关应置于(　　　)位置。

A. JOG FEED　　　　　B. RELEASE　　　　　C. MDI　　　　　　　D. HANDLE FEED

8. 数控机床手动数据输入时,可输入单一命令,按(　　　)键使机床动作。

A. 快速进给　　　　　B. 循环启动　　　　　C. 回参考点　　　　　D. 手动进给

9. 数控机床的程序保护开关的作用是(　　　)。

A. 保护程序　　　　　B. 防止超程　　　　　C. 防止出废品　　　　D. 防止误操作

10. 数控机床在编辑状态时,模式选择开关应置于(　　　)位置。

A. JOG FEED　　　　　B. PRGRM　　　　　　C. ZERO RETURN　　D. EDIT

项目六

轴类零件的加工

知识目标

1. 了解简单轴类零件的数控车削加工工艺。

2. 合理安排数控加工工艺路线，正确选择轴类零件车削常用的切削参数。

3. 了解数控程序的基本结构，正确运用编程指令编制轴类零件的数控加工程序。

4. 掌握数控车床的操作流程，培养操作技能，养成文明生产的习惯。

技能目标

1. 能合理制订轴类零件的数控加工工艺。

2. 具备编制中等复杂程度的轴类零件的数控加工程序的能力。

3. 能正确选择和安装加工轴类零件的刀具，并能进行对刀操作。

4. 具备操作数控车床的能力。

5. 能对轴类工件做质量分析。

任务一 简单阶梯轴的加工

 任务描述

完成图 6-1 所示零件的加工。毛坯尺寸为 $\phi20\text{mm}\times60\text{mm}$，材料为 45 钢棒料。要求正确设定工件坐标系，制订加工工艺方案，选择合理的刀具和切削工艺参数，正确编制数控加工程序并完成零件的加工。

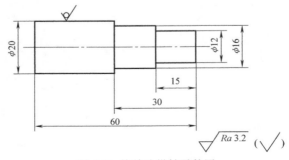

图 6-1 简单阶梯轴零件图

知识准备

1. 直径编程和半径编程

使用数控车床加工回转体零件，工件坐标系中的 X 坐标可采用直径编程和半径编程两种方式加以指定。目前，数控车床出厂时一般设置为直径编程方式，这是由于直径编程与图样中的尺寸标注一致，可以避免尺寸换算及换算过程中可能造成的错误。

2. 绝对值编程与增量值编程

（1）绝对值编程　绝对值编程是根据预先设定的编程原点（即工件坐标系原点）计算出工件轮廓基点或节点绝对值坐标尺寸进行编程的一种方法。首先找出编程原点的位置，并用地址字 X、Z 表示工件轮廓基点或节点绝对坐标，然后进行编程。

图 6-2 所示工件采用绝对值编程方式编制的程序内容如下：

⋮

N10　G01　X30.0　Z0　F100；（以工件右端面中心为工件坐标系原点，刀具至点 P_0）

N15　X40.0　Z-25.0；（刀具至点 P_1）

N20　X60.0　Z-40.0；（刀具至点 P_2）

⋮

（2）增量值编程　增量值编程是根据与前一位置的坐标值增量来表示位置的一种编程方法，即程序中的终点坐标是相对于起点坐标而言的。

采用增量值编程时，用地址字 U、W 代替 X、Z 进行编程。U、W 值的正负由行程方向来确定，行程方向与机床坐标方向相同时为正，反之为负。

图 6-2 所示工件采用增量值编程方式编制的程序内容如下：

⋮

N10　G01　U10.0　W-25.0　F100；（刀具至点 P_1）

N15　U20.0　W-15.0；（刀具至点 P_2）

⋮

（3）混合编程　设定工件坐标系后，将绝对值编程与增量值编程混合起来进行编程的方法称为混合编程。编制数控加工程序时，采用绝对值编程、增量值编程或混合编程，取决于数据处理的方便程度。

图 6-2 所示工件采用混合编程方式编制的程序内容如下：

⋮

N10　G01　U10.0　Z-25.0　F100；（刀具至点 P_1）

N15　X60.0　W-15.0；（刀具至点 P_2）

⋮

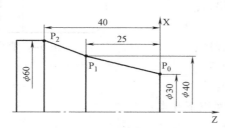

图 6-2　绝对值编程、增量值编程和混合编程示例

3. 快速点定位指令（G00）

编程格式：G00　X(U)＿　Z(W)＿；

其中，X、Z为目标点坐标（绝对值）；U、W为目标点坐标（增量值）。

图6-3所示刀具快速点定位（快速进刀）运动（动作）的程序内容如下：

G00　X50.0　Z6.0；

或G00　U-70.0　W-84.0；

G00指令要求刀具以点位控制方式从刀具所在位置以最快的速度移动到指定位置。它只实现快速移动，并保证在指定的位置停止，在移动时对运动轨迹与运动速度并没有严格的精度要求。如果两坐标轴的脉冲当量和最大速度相等，运动轨迹是一条45°斜线，如果是一条非45°斜线，刀具的运动轨迹可能是一条折线，如图6-3所示。

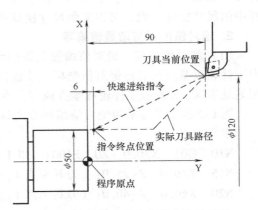

图6-3　使用快速点定位指令编程示例

使用G00指令时，应注意以下几点：

1）G00指令是模态指令，在前面的程序段中已设定了G00指令，后面的程序段就可以不再重复定义G00指令，只写出坐标值即可。

2）快速点定位移动速度不能用程序指令设定，它的速度已由生产厂家预先调定或由引导程序确定。若在快速点定位程序段前设定了进给速度F，该指令对G00程序段无效。

3）快速点定位指令G00的执行过程是刀具由程序起始点开始加速移动至最大速度，然后保持快速移动，最后减速到达终点，实现快速点定位，这样可以提高数控机床的定位精度。

4. 直线插补指令（G01）

G01指令是直线运动命令，规定刀具在两坐标间以插补联动方式按指定的进给速度做任意的直线运动。

编程格式：G01　X(U)＿　Z(W)＿　F＿；

其中，X、Z或U、W含义与G00相同；F为刀具的进给速度（进给量），应根据切削要求确定。在图6-4所示零件图样中，点O为工件原点，走刀路线为点A→点B→点C。

绝对值编程方式编制的程序：

G01　X25.0　Z35.0　F0.3；

　　　　　　Z13.0；

相对值编程方式编制的程序：

G01　U-25.0　W0　F0.3；

　　　　　　W-22.0；

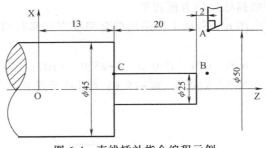

图6-4　直线插补指令编程示例

使用G01指令时，应注意以下几点：

1）G01指令是模态指令。

2）在编写程序时，当第一次应用 G01 指令时，一定要指定一个进给速度 F 指令，在以后的程序段中，如果没有新的 F 指令，则进给速度保持不变。如果程序中第一次出现的 G01 指令中没有指定 F，则机床不运动。

G01 指令还可用于在两相邻轨迹线间自动插入倒角或倒圆控制功能。

倒角编程格式：G01 X（U）__ Z（W）__ C __ ；

如图 6-5 所示，X、Z 为绝对编程时未倒角前两相邻轨迹程序段的交点 M 的坐标；U、W 为增量编程时交点 M 相对于起始直线轨迹起始点 O 的移动距离；C 为相邻两直线的交点 M 相对于倒角起始点 A 的距离。

用倒角指令编制零件的加工程序，要求刀具的移动路线为点 O→点 A→点 B→点 C，参考程序内容如下：

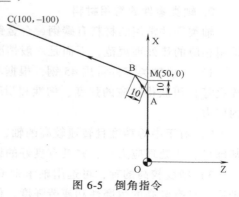

图 6-5 倒角指令

$\vdots$

G00   X0 Z0；
G01   X50 C10 F0.2；
X100 Z-100；

$\vdots$

倒圆编程格式：G01 X（U）__ Z（W）__ R __ ；

其中，X（U）和 Z（W）的取值方法同倒角指令；R 为倒角圆弧的半径值。

例 6-1 分别用直线圆弧编程指令和倒角、倒圆角指令编制图 6-6 所示零件加工程序，图中各点坐标分别为 A（10，0）、B（10，-5）、C（20，-10）、D（30，-10）、E（38，-14）。

参考程序内容如下：

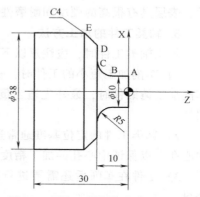

$\vdots$

G00   X10 Z5；
G01   Z-10 R5 F0.1；
X38 C4；
Z-30；

$\vdots$

图 6-6 倒角、倒圆角指令编程示例

 知识拓展

1. 轴类零件加工的技术要求

轴类零件主要用来支承传动零部件，传递转矩和承受载荷。其技术要求如下：

（1）尺寸精度 起支承作用的轴颈通常其尺寸精度要求较高，一般为 IT5～IT7 级；装配传动件的轴颈精度要求较低，一般为 IT6～IT9 级。

（2）形状精度　轴表面的圆度、圆柱度，一般将其控制在尺寸公差范围内。

（3）位置精度　配合轴段对支承轴颈的径向跳动公差一般为 0.01 ~ 0.03mm，高精度轴通常为 0.001 ~ 0.005 mm。

（4）表面粗糙度　一般与传动件配合的轴颈表面粗糙度值为 $Ra0.63 ~ 2.5\mu m$，与轴承相配合的支承轴径的表面粗糙度值为 $Ra0.16 ~ 0.63\mu m$。

2. 轴类零件的常用材料

轴类零件常用的材料有碳钢、合金钢及球墨铸铁，生产中应根据不同的要求来选择，并采用相应的热处理规范，下面是一般情况下轴类零件的材料及相应的热处理。

1）一般轴类零件常用 45 钢，根据不同的工作条件采用不同的热处理（如正火、调质、淬火等）可获得相应的强度、韧性和耐磨性。但 45 钢的淬透性较差，淬火后易产生较大的内应力。

2）对于中等精度且转速较高的轴，可选用 40Cr 等合金结构钢。这类钢在淬火时用油冷却即可，热处理应力小，并具有良好的韧性。

3）精度较高的轴，可选用轴承钢 GCr15 和弹簧钢 65Mn 等，这类材料经调质和表面处理后，具有较高的耐磨性和疲劳强度，但韧性较差。

4）对于在高转速、重载荷等条件下工作的轴，可选用 20CrMnTi、20Mn2B、20Cr 等渗碳钢，经渗碳淬火后，表层具有很高的硬度和耐磨性，而心部又有较高的强度和韧性。

5）对于高精度、高转速的主轴，常选用 38CrMoAlA 专用渗氮钢，调质后再经渗氮处理（渗氮处理的温度较低且不需要淬火，热处理变形很小），使心部保持较高的强度，表层获得较高的硬度、耐磨性和疲劳强度，而且加工后的精度具有很好的稳定性。

6）对于形状复杂、力学性能要求高的轴（如曲轴），可选用 QT900—2，经等温淬火后，表层具有很高的硬度和耐磨性，心部具有一定的韧性，而且球墨铸铁的加工性能很好。

3. 轴类工件的加工方法

加工轴类工件时，应注意以下几点：

1）车削加工短小的工件时，一般先车削加工某一端面，以便于确定长度方向的尺寸；车削加工铸锻件时，最好先适当倒角后再加工，以免因刀尖轻易碰到型砂和硬皮而使车刀损坏。

2）轴类工件的定位基准通常选用中心孔。加工中心孔时，应先车削加工端面，然后钻中心孔，以保证中心孔的加工精度。

3）工件在车削后还需要进行磨削时，车削时只需粗加工或半精加工，并注意留磨削余量。

4. 外圆车刀的选择

粗加工时，毛坯的加工余量大，应保证生产效率。因此粗加工具有切削深度大，进给量大、切削热大和排屑量大的特点。应选用强度大、排屑好的刀具，一般选择主偏角为 90°、93°、95°，副偏角较小，前角和后角较小，刃倾角较小，排屑槽排屑顺畅的车刀。

精加工时，毛坯的加工余量小且均匀，应保证零件的尺寸精度和表面粗糙度值。因此精加工具有切削深度小、切削力小等特点。应选用切削刃锋利，带修光刃的车刀，一般选择主偏角为 95°、107°、117°，副偏角较小，前角和后角较大，刃倾角较大，排屑槽排屑顺畅而且要排向工件待加工表面的车刀。

任务实施

1. 切削用量的选择

切削用量的具体数值可参阅机床说明书、切削用量手册，并结合实际经验而定。表 6-1 是参考了切削用量手册而推荐的切削用量参考表。

表 6-1　切削用量选择参考表

零件材料及毛坯尺寸	加工内容	主轴转速 $n/(\mathrm{r/min})$	背吃刀量 a_p/mm	进给量 $f/(\mathrm{mm/r})$	刀具材料
45 钢，直径为 $\phi 20\mathrm{mm}$，长度为 60mm	钻中心孔	300 ~ 800		0.1 ~ 0.2	高速钢
	粗加工	300 ~ 800	1 ~ 2.5	0.15 ~ 0.4	硬质合金（YT 类）
	精加工	600 ~ 1000	0.25 ~ 0.5	0.08 ~ 0.2	
	切槽、切断（主切削刃宽度为 3 ~ 5mm）	300 ~ 500		0.05 ~ 0.1	

2. 工艺分析

（1）明确加工内容　从图样上看，零件 $\phi 20\mathrm{mm}$ 外径不需要加工，主要加工表面为 $\phi 16\mathrm{mm}$ 和 $\phi 12\mathrm{mm}$ 外径。

（2）确定各表面加工方案　根据零件形状及加工精度要求，本零件以一次装夹所能进行的加工作为一道工序，完成全部轮廓加工。

（3）装夹定位方案　数控车床常用的夹具有自定心卡盘、副爪式卡盘、气动卡盘和液压卡盘，如图 6-7 所示。

　　　a) 自定心卡盘　　　　　b) 副爪式卡盘　　　　　c) 气动卡盘　　　　　d) 液压卡盘

图 6-7　常见车床夹具

用自定心卡盘夹持工件 $\phi 20\mathrm{mm}$ 外径，工件伸出长度为 35mm 左右，零件经一次装夹加工，就能完成加工工序。

（4）选择刀具　选用硬质合金 90° 外圆车刀，置于 T0101 号刀位，其数控加工刀具卡见表 6-2。

3. 确定工件坐标系与基点坐标

确定工件坐标系与基点坐标的计算见表 6-3，选择完成后以工件右端面的回转中心作为编程原点，基点值为绝对尺寸编程值，如图 6-8 所示。

表6-2　简单阶梯轴数控加工刀具卡

产品名称 或代号	×××	零件名称	简单阶梯轴		零件图号	×××
序号	刀具号	刀具规格名称	数量	加工表面	刀尖圆弧半径 R/mm	刀尖圆弧 方位 T	备注
1	T0101	硬质合金 90° 外圆车刀	1	粗加工 φ16mm、 φ12mm 外圆		3	右偏刀
				精加工 φ16mm、 φ12mm 外圆			右偏刀
编制	×××	审核	×××	批准	×××	共　页	第　页

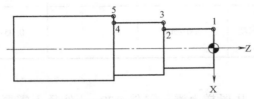

图6-8　简单阶梯轴零件编程实例基点示意图

表6-3　简单阶梯轴零件编程实例切削加工的基点计算值

基点	1	2	3	4	5
X 方向坐标值	12	12	16	16	20
Z 方向坐标值	0	−15	−15	−30	−30

4. 加工工艺卡（表6-4）

表6-4　简单阶梯轴加工工步及切削用量

单位名称	×××	产品名称或代号		零件名称	零件图号	
		×××		简单阶梯轴	×××	
工序号	程序编号	夹具名称		使用设备场地	车间	
001	×××	自定心卡盘		数控车床	×××	
工步号	工步内容	刀具号	刀具规格 /mm	主轴转速 n/(r/min)	进给量 f/(mm/r)	背吃刀量 a_p/mm	备注
1	装夹，找正						手动
2	对刀，以工件右端面中心为编程原点	T0101					手动
3	粗加工 φ12mm、φ16mm 外圆，预留 1mm 精加工 余量	T0101	25×25	500	0.3	1.5	自动
4	精加工 φ12mm、φ16mm 外圆及端面至要求尺寸	T0101	25×25	800	0.1	0.5	自动
编制	×××	审核	×××	批准	×××	年　月　日	共页	第页

5. 编制程序

简单阶梯轴车削加工参考程序见表6-5。

表 6-5 简单阶梯轴车削加工参考程序

程序段号	程序内容	程序说明
	O0001;	主程序名
N10	G97 G99 G21 G40;	程序初始化
N20	G00 G28 U0 W0;	快速定位至换刀参考点(机床原点)
N30	T0101;	选择1号刀具,选择1号刀具补偿
N40	S500 M03;	主轴正转,转速为500r/min
N50	G00 X100.0 Z100.0 M08;	刀具到目测安全位置,切削液打开
N60	X25.0 Z0;	
N70	G01 X0 F0.15;	
N80	X22.0 Z2.0;	
N90	X17.0;	
N100	G01 Z-29.9 F0.3;	
N110	G00 X22.0;	
N120	Z2.0;	粗加工
N130	X13.0;	
N140	G01 Z-14.9;	
N150	G00 X22.0;	
N160	Z2.0;	
N170	S800;	
N180	X12.0;	
N190	G01 Z-15.0 F0.1;	精加工
N200	X16.0;	
N210	Z-30.0;	
N220	G00 X100.0 Z100.0;	
N230	M30;	程序结束

6. 实际加工操作

1)起动机床,回参考点(先X方向,后Z方向)。

2)输入、模拟、调试加工程序。

3)准备刀具,包括选择刀具,刃磨刀具,安装刀具。

4)工件的装夹定位,夹住毛坯外圆,伸出长度为35mm左右。

5)对刀操作(输入刀具长度补偿值、刀尖圆弧半径补偿值)。

6)试运行,空走刀或者单段运行。

7)试切,调整刀具补偿值,检验工件。

8)自动加工,检验工件。

<h1 style="text-align:center">任务二　外圆锥轴的加工</h1>

 任务描述

编写图 6-9 所示传动轴的车削程序，零件三维效果图如图 6-10 所示。毛坯为 $\phi20\text{mm} \times 50\text{mm}$ 的铝棒。

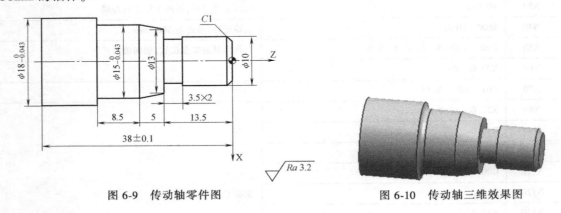

图 6-9　传动轴零件图

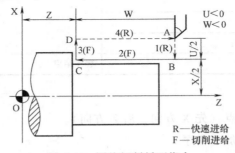

图 6-10　传动轴三维效果图

 知识准备

1. 内（外）圆切削循环指令（G90）

内（外）圆切削循环是单一固定循环，可分为圆柱面切削循环和圆锥面切削循环，主要用于零件的圆柱、锥面的加工。

（1）圆柱面切削循环指令（图 6-11）

图 6-11　圆柱切削循环指令

编程格式：G90　X(U)__ Z(W)__F;

其中，X、Z 为绝对值编程时切削终点 C 在工件坐标系下的坐标；U、W 为增量编程时切削终点 C 相对于循环起点 A 的有向距离（有正负号）；F 为进给速度。

指令循环路线分析：刀具从点 A 出发，

第一段沿 X 轴快速移动到点 B；第二段以 F 指定的进给速度切削到达点 C；第三段切削

进给退到点 D；第四段快速退回到出发点 A，完成一个切削循环。

例 6-2 编写图 6-12 所示零件的加工程序，毛坯为 φ50mm×80mm 的棒料。

参考程序内容如下：

O2011；

T0101；

G97 G99 M03 S800；

G00 X55.0 Z2.0；

G90 X45.0 Z-25.0 F0.2；（A→B→C→D→A）

X40.0；（A→E→F→D→A）

X35.0；

G00 X100.0 Z50.0；

M05；

M30；

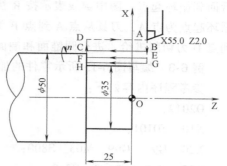

图 6-12 圆柱切削循环指令编程示例

编程时需要注意的是，循环起点的选择应在靠近毛坯外圆表面与端面交点的附近，循环起点离毛坯太远会增加走刀路线，影响加工效率。应根据粗、精加工状态改变切削用量。

（2）圆锥切削循环指令

编程格式：G90 X(U)__ Z(W)__ R__ F__；

其中，X、Z 为圆锥面切削终点坐标值；U、W 为圆锥面切削终点相对循环起点的坐标分量；R 为圆锥面切削始点与圆锥面切削终点的半径差，有正负规定。

地址字 R 代表被加工锥面的大、小端直径差的 1/2，即表示单边测量锥度差值。车削外圆锥时，锥度左大右小 R 值为负，反之为正；车削内圆锥时，锥度左小右大 R 值为正，反之为负。U、W、R 的关系如图 6-13 所示。

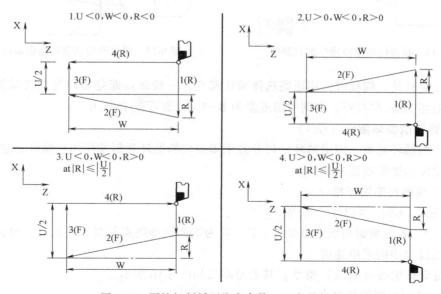

图 6-13 圆锥切削循环指令参数 R 正负号规定

在图 6-14 所示的切削循环中，刀具从循环起点开始按梯形 1R→2F→3F→4R 循环，最后回到循环起点。图中虚线表示按 R 快速移动，细实线表示按 F 指定的工件进给速度移动。循环起点为点 A，刀具从点 A 到点 B 为快速移动以接近工件；刀具从点 B 到点 C、从点 C 到点 D 为切削进给，进行圆锥面和端面的加工；刀具从点 D 快速回到循环起点。

例 6-3　编写图 6-15 所示零件的加工程序，毛坯为 φ50mm×50mm 的铝棒。

参考程序内容如下：

O2012；

N10　T0101；

N20　G97　G99　M03　S800；

N30　G00　X70.0　Z2.0；

N40　G90　X55.0　Z-25.0　R-5.4　F0.2；

N50　X50.0；

N60　G00　X100.0　Z50.0；

N70　M05；

N80　M30；

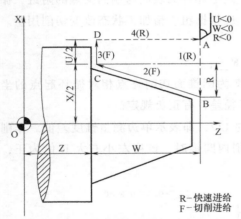

图 6-14　锥面切削循环指令走刀路线

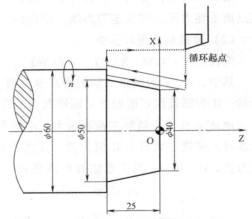

图 6-15　圆锥面切削循环指令编程示例

需要注意的是，编程时，应正确选择循环起点，一般该点即是循环起点又是循环终点，宜选择距毛坯 2mm 左右处。本例中锥度差为 R-5.4，而不是 R-5.0。

2. 端面切削循环指令（G94）

端面切削循环是单一固定循环，可分为平端面切削循环和斜端面切削循环，主要用于零件的垂直端面和锥形端面的加工。

（1）平端面切削循环指令

编程格式：G94　X(U)___Z(W)___F___；

其中，X、Z 为端面切削终点坐标；U、W 为端面切削终点相对循环起点的坐标分量；F 为循环切削过程中的进给速度。

G94 指令是模态（续效）指令，其走刀路线如图 6-16 所示。

（2）斜端面切削循环指令

编程格式：G94　X（U）__　Z（W）__　R__　F__；

其中，X、Z为端面切削终点坐标；U、W为端面切削终点相对循环起点的坐标分量；R为端面切削始点至终点位移在Z方向的坐标增量，即K=$Z_{起点}$-$Z_{终点}$。

该指令用于锥形端面的加工。其循环方式按图6-17所示。刀具运动轨迹按1R→2F→3F→4R循环，最后回到循环起点。图中虚线表示按R快速移动，细实线表示按F指定的工件进给速度移动。

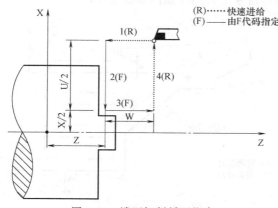

图6-16　端面切削循环指令

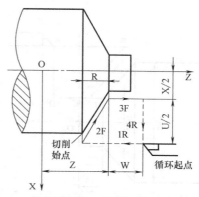

图6-17　带锥度的端面切削循环指令走刀路线

例6-4　编写图6-18所示零件的加工程序，毛坯为ϕ50mm×50mm棒料。参考程序内容如下：

O2011；

T0101；

G97　G99　M03　S550；

G00　X60.0　Z36.0；

G94　X15.0　Z33.48　R-3.48　F0.1；　（点A→点B→点C→点D→点A）

Z31.48；（点A→点E→点F→点D→点A）

Z28.78；（点A→点G→点H→点D→点A）

G00　X100.0　Z100；

M05；

M30；

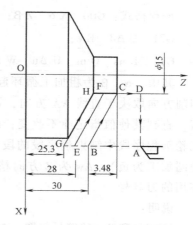

图6-18　带锥度的端面切削
循环指令编程示例

例6-5　编写图6-19所示零件的加工程序，毛坯为ϕ50mm×50mm铝棒。

参考程序内容如下：

T0101；

G97　G99　M03　S550；

G00　X60.0　Z2.0；

G94　X20.0　Z0.0　R-5.0　F0.2；（点A→点B→点C→点D→点A）

Z-5.0；（点A→点E→点F→点D→点A）

Z-10.0；（点 A→点 G→点 H→点 D→点 A）

G00　X100.0　Z100.0；

M05；

M30；

3. 内（外）圆粗加工复合固定循环指令（G71）

内、外圆粗加工复合固定循环指令 G71 适用于毛坯为圆柱棒料，需要多次走刀才能完成的轴套类零件的内、外圆柱面的粗加工。循环指令走刀路线如图 6-20 所示。

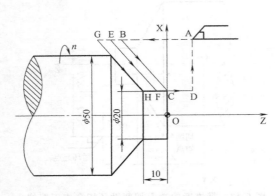

图 6-19　斜端面切削循环指令编程示例　　图 6-20　内、外圆粗加工复合固定循环指令走刀路线图

编程格式：G00　Xα　Zβ；

G71　UΔd　R e；

G71　P ns　Q nf　UΔu　WΔw　F f　S s　T t；

其中，α、β 为粗加工循环起刀点位置坐标；Δd 为背吃刀量（半径值），不带符号，切削方向取决于直线 AA′方向，该值是模态值；e 为回刀时的 X 方向退刀量，该值是模态值，直到其他值指定前不改变；ns 为精加工轮廓程序段中开始程序段的段号；nf 为精加工轮廓程序段中结束程序段的段号；Δu 为 X 方向精加工余量（直径值，外圆加工为正，内圆加工为负）；Δw 为 Z 方向精加工余量；f、s、t 为粗加工时的进给速度、主轴转速、使用的刀具号。

说明：

1）Δu 和 Δw 的符号如图 6-21 所示（直线和圆弧插补都可执行）。

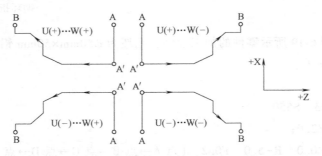

图 6-21　内、外圆粗加工复合固定循环指令符号示意图

2）点 A 和点 A′之间的刀具轨迹是在包含 G00 或 G01 顺序号为"ns"的程序段中指定，并且在这个程序段中，不能指定 Z 轴的运动指令。当点 A 和点 A′之间的刀具轨迹用 G00/G01 指令编程时，沿直线 AA′的切削是在 G00/G01 方式完成的。点 A′和点 B 之间的刀具轨迹在 X 方向和 Z 方向必须单调增加或减少。

3）在使用 G71 指令进行粗加工时，只有含在 G71 程序段中的 F、S、T 功能才有效，而包含在 ns、nf 程序段中的 F、S、T 功能即使被指定，也只对精加工循环有效，对粗加工循环无效，粗加工循环可以进行刀具补偿。

4）当用恒表面切削速度控制时，在点 A 和点 B 间的运动指令中指定的 G96 或 G97 无效，而在 G71 程序段或以前的程序段中指定的 G96 或 G97 有效。

5）顺序号"ns"和"nf"之间的程序段不能调用子程序。

6）循环起点的确定方法：G71 指令粗加工循环起点的确定主要考虑毛坯的加工余量、进退刀路线等因素。一般选择在毛坯轮廓外 1~2mm、端面 1~2mm 处即可，不宜太远，以减少空行程，提高加工效率。

4. 精加工复合固定循环指令（G70）

编程格式：G70　P ns　Q nf；

其中，ns 为精加工程序段的开始程序段号；nf 为精加工程序段的结束程序段号。

说明：

1）G70 指令不能单独使用，只能配合 G71、G72、G73 等指令使用，完成精加工固定循环，即当用 G71、G72、G73 指令粗加工工件后，用 G70 指令来指定精加工固定循环，切除粗加工留下的余量。

2）在 G70 指令中，G71、G72、G73 程序段中的 F、S、T 的功能都无效，只有在 ns、nf 程序段中的才有效。当 ns~nf 程序段中不指定时，粗加工循环中的 F、S、T 功能才有效。

使用复合固定循环指令 G70/G71 编程时需要注意以下几点：

1）G71 和 G72 中由地址 P 指定的程序段中，应当指令 G00 或 G01 组。

2）在 MDI 模式下不能指令 G70，G71，G72。

3）在 G70，G71，G72 指令的程序段中，由 P 和 Q 指定的顺序号之间，不能使用指令 M98（子程序调用）和 M99（子程序结束）。

4）在 P 和 Q 指定的顺序号之间的程序段中，不能指定除 G04（暂停）以外的非模态 G 指令和 06 组 G 指令（G70，G71，G72，G73）

5）当正在执行多重循环时，可能停止循环而进行手动操作。但是，当重新启动循环操作时，刀具应当回到循环操作停止的位置。

6）刀尖圆弧半径补偿不能用于 G71、G72、G73、G74、G75 或 G76 指令。

例 6-6　在卧式数控车床上加工图6-22所示的轴类零件。毛坯尺寸为 $\phi40$mm×90mm，若 $\Delta u = 0.5$mm，$\Delta w = 0.2$mm，$\Delta d = 3$mm。试利用 FANUC 0i-TC 系统粗、

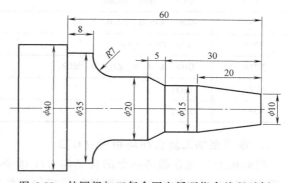

图 6-22　外圆粗加工复合固定循环指令编程示例

精加工复合固定循环指令 G71、G70 编写其加工程序。

工艺分析：从图样上看，零件 $\phi40$mm 外径不需要加工，主要加工表面为工件右端部分。刀具为 T0101 外圆车刀（粗）；T0202 外圆车刀（精）。加工顺序：T0101 外圆车刀粗加工外轮廓；T0202 外圆车刀精加工外轮廓。

粗加工时，每次切削的背吃刀量为 3mm，主轴转速为 500r/min，进给量为 0.3mm/r，轴向精加工余量取 0.2~1mm，径向精加工余量为 0.5mm；精加工时，主轴转速为 800r/min，进给量为 0.1mm/r。

参考程序名为"O0410"，工件参考程序内容见表 6-6。

表 6-6　加工参考程序（O0410）

程序段号	程序内容	程序说明
N10	G99　G00　X100.0　Z100.0;	刀具到达换刀点
N20	T0101　M03.0　S500.0;	选外圆粗车刀
N30	G00　X45.0　Z2.0;	快速到达循环起点
N40	G71　U3.0　R1.0;	粗加工各外圆
N50	G71　P60　Q140　U0.5　W0.2　F0.3;	
N60	G00　X10.0;	
N70	G01　Z0　F0.1;	
N80	X15.0　Z-20.0;	
N90	Z-30.0;	
N100	X20.0　W-5.0;	
N110	Z-45.0;	
N120	G02　X35.0　W-7.0　R7.0;	
N130	G01　Z-60.0;	
N140	X40.0;	
N150	G00　X100.0　Z100.0;	回换刀点
N160	M05;	主轴停转
N170	M00;	程序暂停检测工件
N180	T0202　M03　S800;	选外圆精车刀
N190	G00　X45.0　Z2.0　M08;	快速到达循环起点
N200	G70　P60　Q140;	精加工各外圆
N210	G00　X100.0　Z100.0　M09;	回换刀点
N220	M05;	主轴停转
N230	M30;	程序结束

5. 端面粗加工复合循环指令（G72）

端面粗加工复合循环指令的含义与 G71 指令类似，不同之处是刀具平行于 X 方向切削。它是从外径方向向轴心方向切削端面的粗加工循环，适用于对长径比较小的盘类工件端面的粗加工。其走刀路线如图 6-23 所示。

编程格式：G72　W（Δd）　R（e）；

G72　P（ns）　Q（nf）　U（Δu）　W（Δw）　F___S___T___；

其中，Δd 为背吃刀量，不带符号，切削方向取决于直线 OA 方向，该值是模态值；e 为回刀时的 X 方向退刀量，该值是模态值，直到其他值指定前不改变；ns、nf 为粗加工程序段的开始程序段号、结束程序段号；Δu、Δw 为 X 方向、Z 方向精加工余量的距离和方向；f、s、t 为粗加工时的进给速度、主轴转速、使用的刀具号。

说明：

1）在点 A′和点 B 之间的刀具轨迹沿 X 方向和 Z 方向都必须单调变化。沿直线 A A′的切削是 G00 方式还是 G01 方式，由点 A 和点 A′之间的指令决定。X 方向和 Z 方向精加工预留量 U 和 W 的符号取决于顺序号 ns 与 nf 间程序段所描述的轮廓形状，如图 6-24 所示。

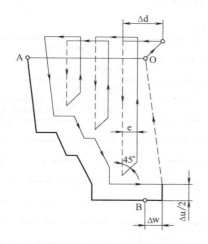

图 6-23　端面粗加工复合循环指令走刀路线

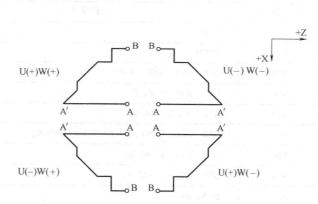

图 6-24　G72 指令段内 U、W 的符号

2）G72 循环指令所加工的轮廓形状必须为单调递增或单调递减的形式。A 和 A′之间的刀具轨迹是在包含 G00 或 G01 顺序号为"ns"的程序段中指定，并且在这个程序段中，不能指定 X 方向的运动指令。

3）在使用 G72 指令进行粗加工时，只有含在 G72 程序段中的 F、S、T 功能才有效，而包含在 ns、nf 程序段中的 F、S、T 功能即使被指定，也只对精加工循环有效，对粗加工循环无效，粗加工循环可以进行刀具补偿。

4）循环起点的确定方法：G72 指令的循环起点应尽量放在靠近毛坯处。加工外轮廓时，循环起点在 Z 方向离开加工部位 1～2mm，在 X 方向可略大于或等于毛坯外圆直径；加工内轮廓时，循环起点在 X 方向的距离可略小于底孔直径。

例 6-7　编写图 6-25 所示零件的加工程序，毛坯为 ϕ75mm×80mm 铝棒。要求切削循环起点在点 A（80，1）处，切削深度为 1.2mm，退刀量为 1mm，X 方向精加工余量为 0.2mm，Z 方向精加工余量为 0.5mm。

建立图 6-25 所示的工件坐标系，选择外圆端面车刀，粗加工时主轴转速为 400r/min，精加工时主轴转速为 800r/min。参考程序内容见表 6-7。

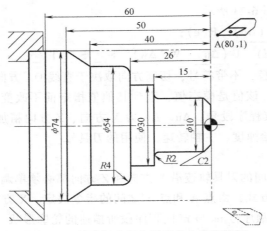

图 6-25 端面粗车复合循环指令编程示例

表 6-7 参考程序 (O2019)

程序段号	程序内容	程序说明
	O2019	程序名
N10	T0101;	选择 1 号刀具
N20	G98 G97 M03 S400;	主轴正转,转速为 400r/min
N30	G00 X80.0 Z1.0;	
N40	G72 W1.2 R1.0;	
N50	G72 P60 Q180 U0.2 W0.5 F80.0;	
N60	G00 G41 Z-60.0;	
N70	G01 X74.0 F50.0;	
N80	Z-50.0;	
N90	X54.0 Z-40.0;	
N100	Z-30.0	
N110	G02 X46.0 Z-26.0 R4.0;	
N120	G01 X30.0;	
N130	Z-15.0;	
N140	X14.0;	
N150	G03 X10.0 Z-13.0 R2.0;	
N160	G01 Z-2.0;	
N170	X6.0 Z0.0;	
N180	X0.0;	
N190	S800;	
N200	G70 P60 Q180;	
N210	G40 G00 X100.0 Z50.0;	
N220	M05;	主轴停转
N230	M30;	程序结束

6. 暂停指令（G04）

编程格式：G04 X(U)__；

　　　　　或 G04 P __；

其中，X、U、P 为暂停时间，P 后面的数值为整数，单位为 ms；X、U 后面的数值为带小数点的数，单位为 s。例如，欲停留 1.5s 的时间，则程序段为 G04　X1.5 或 G04　P1500。

 知识拓展

车削加工圆锥零件的进给路线

在车床上车削外圆锥时大体上有图 6-26 所示的三种进给路线。图 6-26a 所示的阶梯切削路线是先进行粗加工，再进行精加工。此种加工路线在粗加工时，刀具的背吃刀量相同，需要计算终刀点的位置；在精加工时，刀具的背吃刀量不同，刀具切削运动的路线最短。

图 6-26b 所示车削路线，需要计算终刀具 S。假设圆锥大径为 D，小径为 d，锥长为 L，背吃刀量为 a_p，则由相似三角形可得

$$(D-d)/(2L)=a_p/S$$

由上式可求 $S=2La_p/(D-d)$。按此种加工路线，刀具切削运动的距离较短。

图 6-26c 所示的进给路线不需要计算终刀距 S，只要确定背吃刀量 a_p，便可加工出圆锥轮廓，编程方便。但在每次切削中，背吃刀量是变化的，而且切削运动的路线较长。

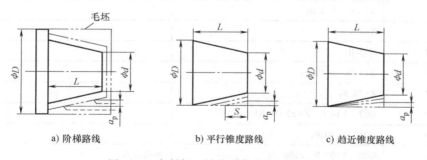

a) 阶梯路线　　　　　b) 平行锥度路线　　　　　c) 趋近锥度路线

图 6-26　车削加工圆锥零件的加工路线

 任务实施

1. 工艺分析

（1）选择夹具　自定心卡盘。

（2）选择刀具　选择外圆车刀车外圆及端面，选择外槽车刀（刀具宽度为 3.5mm）切断工件。

（3）选择量具　外径、长度尺寸使用游标卡尺进行测量。

（4）加工工艺路线

首先粗加工外圆至尺寸，然后割槽，最后切断工件。传动轴数控加工切削用量见表 6-8。

表 6-8　传动轴数控加工切削用量

工步号	工步内容	主轴转速 $n/(r/min)$	背吃刀量 a_p/mm	进给量 $f/(mm/r)$	循环起点坐标
1	粗加工外圆	500	2	0.2	(21,2)
2	精加工外圆	800	0.3	0.1	(21,2)
3	切槽	300		0.08	(15,−13.5)
4	切断	300		0.08	(19,−40)

2. 编制程序

传动轴车削加工参考程序见表 6-9。

表 6-9　传动轴车削加工参考程序

程序段号	程序内容	程序说明
N10	G97　G99　G00　X100.0　Z100.0;	刀具到达换刀点
N20	T0101　M03　S500;	选择外圆粗车刀
N30	G00　X21.0　Z2.0;	快速到达循环点
N40	G71　U2.0　R1.0;	粗加工外圆
N50	G71　P60　Q140　U0.6　F0.2;	
N60	G00　X8.0;	
N70	G01　Z0　F0.1;	
N80	X10.0　Z−1.0;	
N90	Z−13.5;	
N100	X13.0;	
N110	X15.0　Z−18.5;	
N120	Z−25.5;	
N130	G02　X18.0　Z−27.0　R1.5;	
N140	G01　Z−40.0;	
N150	G00　X100.0　Z100.0;	回换刀点
N160	M05;	主轴停转
N170	M00;	暂停检测工件
N180	T0202　M03　S800;	选择外圆精车刀
N190	G00　X21.0　Z2.0;	快速到达循环起点
N200	G70　P60　Q140;	精加工外圆
N210	G00　X100.0　Z100.0;	回换刀点
N220	T0303　M03　S300;	选择外槽车刀
N230	G00　X15.0　Z−13.5;	切槽
N240	G01　X6.0　F0.08;	
N250	G00　X20.0;	径向退刀
N260	Z−41.5;	切断
N270	G01　X1.0　F0.08;	

（续）

程序段号	程序内容	程序说明
N280	G00　X20.0;	
N290	G00　X100.0　Z100.0;	回换刀点
N300	M05;	主轴停转
N310	M30;	程序结束

任务三　异形轴的加工

 任务描述

图 6-27 所示为异形轴的零件图，其毛坯为 φ25mm×67mm 的 45 钢棒料，试采用成形加工复合循环指令 G73 编写其加工程序。

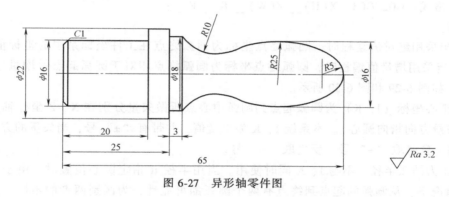

图 6-27　异形轴零件图

 知识准备

1. 圆弧插补指令（G02/G03）

圆弧插补指令是使刀具在指定平面内按给定的进给速度做圆弧运动，切削出圆弧轮廓。

圆弧插补指令分为顺时针圆弧插补指令 G02 和逆时针圆弧插补指令 G03。圆弧插补的顺时针、逆时针可按图 6-28a 所示的方向判断：沿圆弧所在平面（如 XOZ 平面）的垂直坐标轴的负方向（Y 轴负方向）看去，顺时针方向为 G02，逆时针方向为 G03。数控车床是两坐标的机床，只有 X 轴和 Z 轴，那么如何判断圆弧的顺、逆呢？应按右手螺旋法则的方法将 Y 轴也考虑进去。观察者沿 Y 轴的负方向看去，站在这样的位置上就可正确判断 XOZ 平面上圆弧的顺、逆方向了。图 6-28b 所示为车床上圆弧的顺逆方向。

加工圆弧时，不仅要用 G02/G03 指出圆弧的顺、逆时针方向，用 X（U），Z（W）指定圆弧的终点坐标，而且还要指定圆弧的中心位置。常用指定圆心位置的方式有两种，因而 G02/G03 的指令格式有两种：

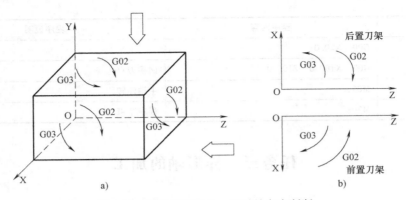

图 6-28　圆弧的顺时针、逆时针方向判断

（1）用 I、K 指定圆心位置

编程格式：G02/G03　X(U)＿＿ Z(W)＿＿ I＿＿ K＿＿ F＿＿；

（2）用圆弧半径 R 指定圆心位置

编程格式：G02/G03　X(U)＿＿ Z(W)＿＿ R＿＿ F＿＿；

说明：

1）当采用绝对值编程时，圆弧终点坐标为圆弧终点在工件坐标系中的坐标值，用 X、Z 表示；当采用增量值编程时，圆弧终点坐标为圆弧终点相对于圆弧起点的增量值，用 U、W 表示，如图 6-29 和图 6-30 所示。

2）圆心坐标（I，K）为圆弧起点到圆弧中心点所做矢量分别在 X、Z 坐标轴方向上分矢量（矢量方向指向圆心）。本系统 I、K 为增量值，并带有"±"号，当矢量的方向与坐标轴的方向一致时取"+"号，反之取"−"号。

3）R 为圆弧半径，不与 I、K 同时使用。当用半径 R 指定圆心位置时，由于在同一半径 R 的情况下，从圆弧的起点到终点有两个圆弧的可能性，为区别两者的不同，规定当圆心角小于或等于 180°时，用"+R"表示；当圆心角大于 180°时，用"−R"表示。用半径 R 指定圆心位置时，不能描述整圆，在数控车床上车削加工圆弧表面时常采用圆弧半径 R 指定圆心的编程方法。

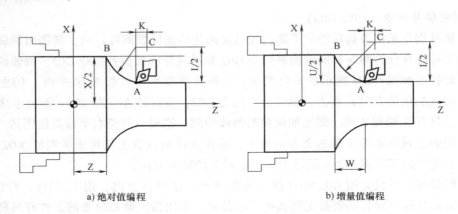

a) 绝对值编程　　　　　　　　　　　　b) 增量值编程

图 6-29　G02 圆弧插补指令说明

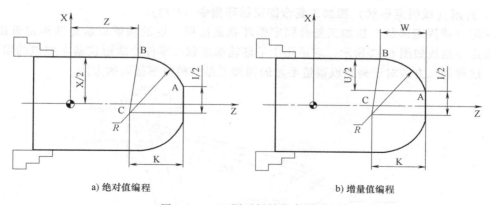

a) 绝对值编程   b) 增量值编程

图 6-30   G03 圆弧插补指令说明

例 6-8   车削如图 6-31 所示的销轴。试设计一个精加工程序，在 $\phi20mm$ 的铝棒端部加工出该零件。

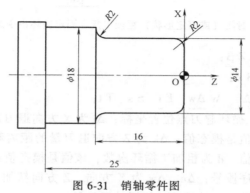

图 6-31   销轴零件图

经过分析后设定销轴精加工的参考程序名为"O0310"，参考程序内容见表 6-10。

表 6-10   销轴精加工参考程序（O0310）

程序段号	程序内容	程序说明
N10	G99 G00 X100 Z100;	刀具到达换刀点
N20	T0101 M03 S800;	选外圆车刀
N30	G00 X10.0 Z2.0;	
N40	G01 Z0 F0.2;	
N50	G03 X14.0 Z-2.0 R2.0;	
N60	G01 Z-14.0;	
N70	G02 X18.0 Z-16.0 R2.0;	
N80	G01 Z-25.0;	
N90	X20.0;	
N100	G00 X100.0 Z100.0;	回换刀点
N110	M05;	主轴停转
N120	M30;	程序结束，并返回程序起点

2. 封闭（或固定形状）粗加工复合固定循环指令（G73）

封闭（或固定形状）粗加工复合固定循环就是按照一定的切削形状逐渐地接近最终形状，其走刀路线如图 6-32 所示。它适用于毛坯轮廓形状与零件轮廓形状基本相似的粗加工。因此，这种加工方式对于铸造或锻造毛坯的粗加工是一种效率很高的方法。

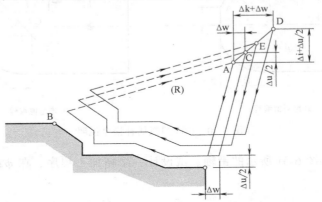

图 6-32　封闭（或固定形状）粗加工复合固定循环指令走刀路线

编程格式：G00　X α Z β；

G73　U Δi　W Δk　R d；

G73　P ns　Q nf　U Δu　W Δw　F f　S s　T t；

其中，α、β 为粗加工循环起刀点位置坐标；Δi 为 X 方向退刀量的距离和方向，即 X 方向需要切除的总余量，该值是模态值；Δk 为 Z 方向退刀量的距离和方向，即 Z 方向需要切除的总余量，该值是模态值。d 为粗加工循环次数，该值是模态值；ns、nf 为精加工程序段的开始程序段号、结束程序段号；Δu、Δw 为 X 方向、Z 方向精加工余量的距离和方向；f、s、t 为粗加工时的进给速度、主轴转速、使用的刀具号。

说明：

1）在使用 G73 指令进行粗加工时，只有含在 G73 程序段中的 F、S、T 功能才有效，而包含在 ns～nf 程序段中的 F、S、T 功能即使被指定，也只对精加工循环有效，对粗加工循环无效，粗加工循环可以进行刀具补偿。

2）当用恒表面切削速度控制时，在点 A 和点 B 间的运动指令中指定的 G96 或 G97 无效，而在 G73 程序段或以前的程序段中指定的 G96 或 G97 有效。

3）顺序号"ns"和"nf"之间的程序段不能调用子程序。

例 6-9　在 FANUC 0i-TC 卧式数控车床上加工图 6-33 所示的轴类零件。若 Δu = 0.5mm，Δw = 0.1mm，d = 3，Δi = 15mm，Δk = 15mm。试利用封闭（或固定形状）粗加工复合固定循环 G73 编写其粗加工程序。

经过分析后设定所编零件粗加工的参考程序名为"O0510"，参考程序内容见表 6-11。

表 6-11　固定形状循环粗加工参考程序（O0510）

程序段号	程序内容	程序说明
N10	G00　X100.0　Z100.0；	刀具到达换刀点
N20	T0101　M03　S300；	选外圆车刀

（续）

程序段号	程序内容	程序说明
N30	G00 X180.0 Z15.0 M08;	快速到达循环起始点
N40	G73 U15.0 W15.0 R3.0;	粗加工外表面
N50	G73 P60 Q120 U0.5 W0.1 F0.2;	
N60	G00 X30.0 Z3.0;	
N70	G01 Z-40.0;	
N80	X50.0 W-15.0;	
N90	Z-80.0;	
N100	G02 X90.0 W-20.0 R20.0;	
N110	X100.0;	
N120	X120.0 Z-120.0;	
N130	G00 X100.0 Z100.0;	回换刀点
N140	M05;	主轴停转
N150	M30;	程序结束

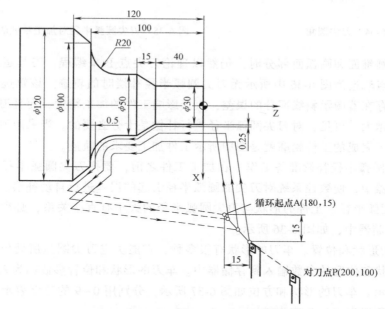

图 6-33 粗加工复合固定循环指令编程示例

3. 刀尖圆弧半径补偿

编制数控车床加工程序时，通常将车刀刀尖看作是一个点。然而在实际应用中，为了提高刀具寿命和减小加工表面的表面粗糙度值，一般将车刀刀尖磨成半径为 0.4~1.6mm 的圆弧，如图 6-34 所示。编程时以理论刀尖点 P（又称刀位点或假想刀尖点，是沿刀片圆角切削刃作 X 方向、Z 方向的切线的交点）来编程，数控系统控制点 P 的运动轨迹，而切削时，实际起作用的切削刃是圆弧的各切点。当运行按理论刀尖点编出的程序进行端面、外径、内径等与轴线平行或垂直的表面加工时，是不会产生误差的；当进行倒角、锥面及圆弧切削时，会产生少切或过切现象，影响加工精度。如图 6-35 所示，在切削工件右端面时，车刀圆弧的切点 A 与理论刀尖点 P 的 Z 坐标相同；车削外圆时，车刀圆弧的切点 B 与理论刀尖点 P 的 X 坐标相同。切削加工完成的工件没有几何误差，因此可以不考虑刀尖圆弧半径补偿。如果车削外圆柱面后继续车削圆锥面，则必然存在加工误差（误差值为刀尖圆弧半径），这一加工误差必须靠刀尖圆弧半径补偿的方法来修正。

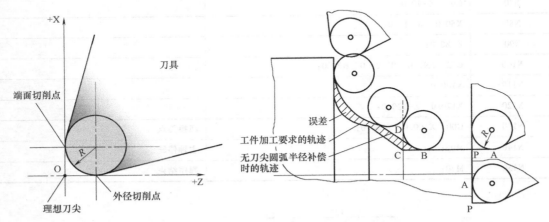

图 6-34　刀尖圆角　　　　　　　　图 6-35　刀尖圆弧半径对加工精度的影响

车削加工圆锥面和圆弧面部分时，仍然以理论刀尖点 P 来编程，刀具运动过程中与工件接触的各切点轨迹为图 6-36 中所示无刀尖圆弧半径补偿时的轨迹。该轨迹与工件加工要求的轨迹之间存在着图示斜线部分的误差，直接影响工件的加工精度，而且刀尖圆弧半径越大，加工误差越大。可见，对刀尖圆弧半径进行补偿是十分必要的。当采用刀尖圆弧半径补偿时，车削加工完成的工件轮廓就是图中所示工件加工要求的轨迹。

（1）刀尖圆弧半径补偿准备工作　在加工工件之前，要把刀尖圆弧半径补偿的有关参数输入到存储器中，使数控系统对刀尖的圆弧半径引起的误差进行自动补偿。

1）刀尖圆弧半径。工件的形状与刀尖圆弧半径的大小有直接关系，必须将刀尖圆弧半径 R 输入到存储器中，如图 6-36 所示。

2）车刀的形状和位置。车刀的形状有很多种，它能决定刀尖圆弧所处位置，因此也要把代表车刀形状和位置的参数输入到存储器中。车刀的形状和位置参数称为刀尖方位，用刀具功能字 T 表示。车刀的形状和方位如图 6-37 所示，分别用 0~9 的数字表示，点 P 为理论刀尖点，左下角刀尖方位 T 应为 3。

3）参数的输入。有一组参数与每个刀具补偿号相对应，该组参数包括刀具位置补偿值 X 和 Z、刀尖圆弧半径 R 以及刀尖方位值 T，输入刀尖圆弧半径补偿值，就是要将参数 R 和 T 输入到存储器中。例如某程序中编入的程序段为"N100　　G00　　G42　　X100.0　　Z3.0　　T0101;"，若此时输入刀具补偿号为 01 的参数，CRT 屏幕上显示图 6-36 的内容。在自动加工工件的过程中，数控系统将按照 01 号刀具补偿栏内的参数值，自动修正刀具的位置误差，自动进行刀尖圆弧半径的补偿。

（2）刀尖圆弧半径补偿的方向　在进行刀尖圆弧半径补偿时，刀具和工件的相对位置不同，刀尖圆弧半径补偿的指令也不同。图 6-38 所示为刀尖圆弧半径补偿的两种不同方向。

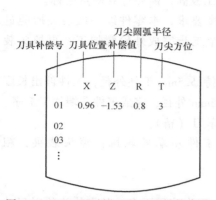

图 6-36　CRT 显示屏显示刀具补偿参数

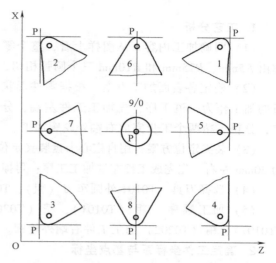

图 6-37　车刀刀尖形状和方位图（后置刀架）

如果刀尖的运动轨迹为点 A→点 E，顺着刀尖运动方向看，刀具在工件的右侧，即为刀尖圆弧半径右补偿，使用 G42 指令编程；如果刀尖的运动轨迹为点 F→点 I，顺着刀尖运动方向看，刀具在工件的左侧，即为刀尖圆弧半径左补偿，使用 G41 指令编程。如果取消刀尖圆弧半径补偿，可用 G40 指令编程，则车刀按理论刀尖点轨迹运动。

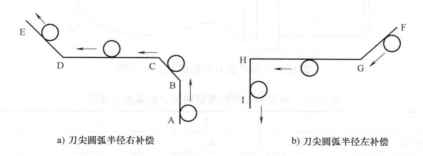

a) 刀尖圆弧半径右补偿　　　　　　　　　　b) 刀尖圆弧半径左补偿

图 6-38　刀尖圆弧半径补偿方向

（3）刀尖圆弧半径补偿的建立（G41/G42）或取消（G40）指令

编程格式：G41/G42/G40　G00/G01　X(U)__ Z(W)__ T__ F__ ；

其中，G40 为取消刀尖圆弧半径补偿指令，通常写在程序开始的第一个程序段及取消刀尖圆弧半径补偿的程序段；G41 为刀尖圆弧半径左补偿指令，在编程路径前进方向上，刀具沿左侧进给，使用该指令；G42 为刀尖圆弧半径右补偿指令，在编程路径前进方向上，刀具沿右侧进给，使用该指令；T 表示刀具功能又称为 T 功能，是进行刀具选择和刀具补偿的。编程格式：T××××；××前两位数字为刀具号；××后两位数字为刀具补偿号，其中 00 表示取消某号刀具的刀具补偿。

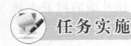 任务实施

1. 工艺分析

（1）明确加工内容　从图样上看，整个零件的所有部位都要加工。其中工件右端外轮廓由 $R5mm$、$R25mm$ 和 $R10mm$ 三个圆弧相切，技术要求比较高，需要计算基点坐标。

（2）确定各表面加工方案　根据零件形状及加工精度要求，本零件以一次装夹所能进行的加工作为一道工序，先加工工件左端，分粗、精两个工步完成外轮廓加工；再掉头装夹，分粗、精两个工步完成右端外轮廓加工。

（3）装夹定位方案　用自定心卡盘装夹定位，三爪夹持 $\phi25mm$ 毛坯外径，工件伸出长度为 30mm 左右，先完成工件左端加工工序；再掉头夹持 $\phi16mm$ 外径，完成工件右端加工工序。

（4）选择刀具　T0101 外圆车刀（粗）；T0202 外圆车刀（精）。

（5）加工顺序　粗（T0101）、精（T0202）加工工件左端外轮廓；掉头装夹，粗（T0101）、精（T0202）加工工件右端外轮廓。

2. 确定工件坐标系与基点坐标

加工工件左端外轮廓时，选择工件左端面的回转中心作为编程原点，基点值为绝对尺寸编程值；加工工件右端外轮廓时，选择工件右端面的回转中心作为编程原点，基点值为绝对尺寸编程值。右端外轮廓各基点如图 6-39 所示，基点计算值见表 6-12。

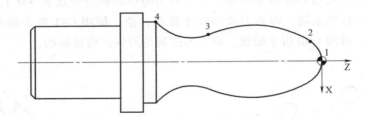

图 6-39　异形轴右端轮廓基点示意图

表 6-12　异形轴右端轮廓切削加工的基点计算值

基点	1	2	3	4
X 方向坐标值	0	8.5	12.044	18
Z 方向坐标值	0	−2.366	−25.281	−37

3. 确定加工工艺参数

（1）加工工件左端外轮廓　粗加工时，每次的背吃刀量取 1.5～2mm，主轴转速为 800r/min，进给量取 0.15～0.2mm/r，预留 0.5～1mm 径向精加工余量；精加工时，主轴转速为 1200r/min，进给量取 0.05～0.1mm/r。

（2）加工工件右端外轮廓　粗加工时，每次的背吃刀量取 1～1.5mm，主轴转速为 800r/min，进给量取 0.15～0.2mm/r，预留 0.5～1mm 径向精加工余量；精加工时，主轴转速为 1200r/min，进给量取 0.05～0.1mm/r。根据异形轴轮廓形状，可采用粗加工复合固定循环指令 G73 编程加工，最大加工余量（25mm−0mm）/2＝12.5mm，而粗加工时每次背吃刀量取 1～1.5mm，故可分为 10 次左右循环切削加工完成零件的粗加工。

4. 编制程序

异形轴车削加工参考程序见表 6-13。

表 6-13　异形轴车削加工参考程序

程序段号	程序内容	程序说明
	O0001;	主程序名(加工工件左端)
N10	G97　G99　G21　G40;	程序初始化
N20	G00　X200.0　Z200.0;	快速定位至换刀参考点(人工设定)
N30	T0101;	换 1 号刀具,选择 1 号刀具补偿
N40	S800　M03;	主轴正转,转速为 800r/min
N50	G00　X100.0　Z100.0　M08;	刀具到目测安全位置,切削液打开
N60	X26.0　Z2.0;	快速定位至粗加工循环起始点
N70	G71　U1.5　R1.0;	调用粗加工横向切削复合固定循环指令加工工件左端
N80	G71　P10　Q20　U0.5　W0　F0.15;	
N90	N10　G00　X14.0;	精加工外轮廓描述(精加工路径)
N100	G01　Z0;	
N110	X16.0　Z-1.0;	
N120	Z-20.0;	
N130	X22.0;	
N140	N20　Z-26.0;	
N150	G00　X200.0　Z200.0;	快速定位至换刀参考点,换 2 号刀具选择 2 号刀具补偿,主轴正转,转速为 1200r/min
N160	T0202　S1200　M03;	
N170	G70　P10　Q20　F0.08;	精加工外轮廓
N180	G0　G28　U0　W0;	程序结束
N190	M05　M09;	
N200	M30;	
N210	O0002;	主程序名(加工工件右端)
N220	G97　G99　G21　G40;	程序初始化
N230	T0101;	换 1 号刀具,选择 1 号刀具补偿
N240	S800　M03;	主轴正转,转速为 800r/min
N250	G00　X100.0　Z100.0　M08;	刀具到目测安全位置,切削液打开
N260	X30.0　Z2.0;	切削循环起始点,毛坯直径为 φ25mm
N270	G73　U12.5　R10.0;	调用粗加工复合固定循环指令加工工件右端
N280	G73　P10　Q20　U0.5　W0　F0.15;	
N290	N10　G00　X0;	精加工外轮廓描述
N300	G01　G42　X0　Z0;	
N310	G03　X8.5　Z-2.366　R5.0;	
N320	X12.044　Z-25.281　R25.0;	
N330	G02　X18.0　Z-37.0　R10.0;	

（续）

程序段号	程序内容	程序说明
N340	G01　Z-40.0;	精加工外轮廓描述
N350	N20　G40　X23.0;	
N360	G00　X200.0　Z200.0;	快速定位至换刀参考点,换2号刀具,选择2号刀具补偿,
N370	T0202　S1200;	主轴转速为1200r/min
N380	G70 P10 Q20 S1200　F0.08;	精加工外轮廓
N390	G00　G28　U0　W0;	程序结束
N400	M30;	

巩固与提高

一、选择题

1. 在程序段"G71　P0035　Q0060　U4.0　W2.0　S500;"中,Q0060 的含义是（　　　）。

A. 精加工路径的最后一个程序段顺序号　　　　　B. 最高转速

C. 进刀量　　　　　　　　　　　　　　　　D. 精加工路径的第一个程序段顺序号

2. G73 指令是粗加工复合固定循环指令,主要用于（　　　）毛坯的粗加工。

A. 碳素钢　　　　　　B. 合金钢　　　　　C. 棒料　　　　　　D. 锻造、铸造

3. 根据 ISO 标准,当刀具中心轨迹在程序轨迹前进方向右边时称为右刀具补偿,用（　　　）指令表示。

A. G40　　　　　　　B. G41　　　　　　C. G42　　　　　　D. G43

4. 在程序段"G94　X30.0　Z-5.0　R3.0　F0.3;"中,R3 的含义是（　　　）。

A. 外圆的终点　　　B. 斜面轴向尺寸　　C. 内孔的终点　　D. 螺纹的终点

5. 在程序段"G90　X52　Z-100.0　R5.0　F0.3;"中,R5 的含义是（　　　）。

A. 进刀量　　　　　　　　　　　　　　　B. 圆锥大、小端的直径差

C. 圆锥大、小端的直径差的一半　　　　　D. 退刀量

6. 在程序段"G73　P0035　Q0060　U1.0　W0.5　F0.3;"中,P0035 的含义是（　　　）。

A. 精加工路径的第一个程序段顺序号　　　B. 最低转速

C. 退刀量　　　　　　　　　　　　　　　D. 精加工路径的最后一个程序段顺序号

7. 刀具长度补偿指令 G43 是将（　　　）代码指定的已存入偏置器中的偏置值加到运动指令终点坐标中。

A. K　　　　　　　　B. J　　　　　　　C. I　　　　　　　D. H

8. 在 G73　P(ns)Q(nf)U(Δu)W(Δw);指令格式中,（　　　）表示精加工路径的第一个程序段顺序号。

A. Δw　　　　　　　B. ns　　　　　　　C. Δu　　　　　　D. nf

9. 在程序段"G72　P0035　Q0060　U4.0　W2.0　S500;"中,W2.0 的含义是（　　　）。

A. Z 方向的精加工余量　　　　　　　　　B. X 方向的精加工余量

C. X 方向的背吃刀量　　　　　　　　　　D. Z 方向的退刀量

10. 在程序段 "G70 P10 Q20;" 中，Q20 的含义是 （　　）。

A. 精加工余量为 0.20mm

B. Z 方向移动 20mm

C. 精加工循环的第一个程序段的程序号

D. 精加工循环的最后一个程序段的程序号

11. G71 指令是 （　　）循环指令。

A. 精加工

B. 内、外径粗加工

C. 端面粗加工

D. 固定形状粗加工

二、简答题

1. 轴类零件的技术要求一般包含哪些？

2. 常见轴类零件材料有哪些？如何选用？

3. 轴类零件加工常用的夹紧方式有哪些？

4. 在数控车削中为什么要应用恒线速加工？

5. 在应用恒线速加工时，为什么要进行最高转速限制？

6. 写出与机床回参考点有关的指令。

三、编程题

1. 编写图 6-40 所示轴的数控加工程序，并进行加工。毛坯尺寸为 φ50mm×103mm。

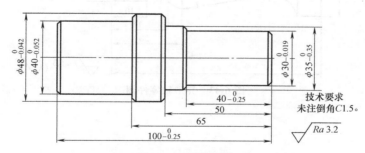

图 6-40 轴零件图

2. 完成图 6-41 所示阶梯轴的加工，材料为 45 钢，毛坯尺寸为 φ50mm×70mm。

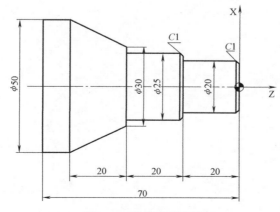

图 6-41 阶梯轴零件图

3. 完成图 6-42 所示传动轴的加工。毛坯尺寸为 φ30mm×60mm。

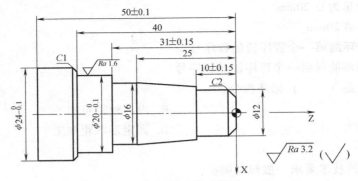

图 6-42　传动轴零件图

4. 完成图 6-43 所示异形轴的加工，零件毛坯为 φ30mm×60mm 铝棒。

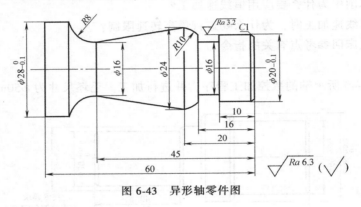

图 6-43　异形轴零件图

项目七

孔槽类零件的加工

知识目标

1. 了解孔、槽类零件的数控车削工艺。

2. 合理安排数控加工工艺路线，正确选择孔、槽类零件车削加工常用刀具和切削参数。

3. 正确运用编程指令编制孔、槽类零件的数控加工程序。

4. 进一步掌握数控车床的操作流程，培养操作技能和养成文明生产的习惯。

技能目标

1. 能合理制订孔、槽类零件的数控加工工艺。

2. 具备编制中等复杂程度的孔、槽类零件的数控加工程序的能力。

3. 能正确选择和安装加工孔、槽类零件的刀具，并能熟练进行对刀操作。

4. 具备操作数控车床的能力。

5. 能对孔、槽类工件做质量分析。

任务一 法兰盘的加工

 任务描述

完成图 7-1 所示零件的加工，零件三维效果图如图 7-2 所示，零件毛坯尺寸为 φ130mm×46mm，材料为 45 钢。

 知识准备

1. 孔加工的特点

孔加工比外圆的车削要困难得多，主要有以下特点：

1）孔加工在工件内部进行，观察切削情况比较困难。

2）由于受孔径和孔深的限制，孔加工刀具的刀柄不能太粗，也不能太短，因此刀具刚性不足。

3）孔加工排屑和冷却比较困难。

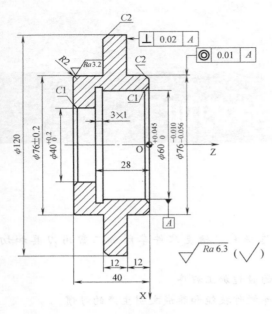

图 7-1 法兰盘零件图

图 7-2 法兰盘三维效果图

4）孔的测量比较困难。

2. 孔加工方法

孔是盘套类零件的主要特征，内孔有不同的精度和表面质量要求，也有不同的结构尺寸，例如通孔、不通孔、阶梯孔、深孔、浅孔、大直径孔、小直径孔等。常用的孔加工方法有钻孔、扩孔、铰孔、镗孔、磨孔、拉孔、研磨孔、珩磨孔、滚压孔等。

3. 端面切槽（钻孔）**复合切削循环指令**（G74）

编程格式：G74 R（e）；

　　　　　　 G74　X（U）__　Z（W）__　P（Δi）　Q（Δk）　R（Δd）　F __ ；

其中，e 为退刀量，该值是模态值；X（U）、Z（W）为切槽终点处坐标值；Δi 为刀具完成一次轴向切削后，在 X 方向的移动量（该值用不带符号的半径值表示）；Δk 为 Z 方向每次的切削深度（该值用不带符号的值表示）；Δd 为刀具在切削底部 X 方向的退刀量，Δd 的值总为正；F 为切槽进给速度。

该循环指令可实现断屑加工，如果 X（U）和 P（Δi）都被忽略，则进行的是中心孔加工。

G74 指令走刀路线分析：如图 7-3 所示，刀具以 Δk 的切削深度进行轴向切削，然后回退距离 e，方便断屑，再以 Δk 的切削深度进行轴向切削，再回退距离 e，如此往复，直至达到指定的切槽深度；逆着槽宽的加工方向，刀具移动一个退刀距离 Δd，并沿轴向回到初始加工的 Z 方向坐标位置，然后沿着槽宽的加工方向，刀具移动一个距离 Δi，进行第二次槽深方向加工，如此往复，直至达到槽的终点坐标位置。

4. 自动回参考点

该功能用于接通电源已进行手动回参考点后，在程序中需要回参考点时使用的自动回参

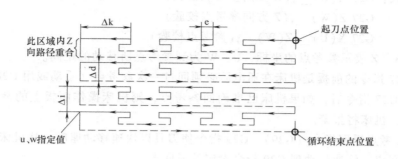

图 7-3   端面切槽（钻孔）复合切削循环指令进给路线

考点功能。

1）自动回参考点指令（G28）。

编程格式：G28 X（U）__；（X 方向回参考点）

G28 Z（W）__；（Z 方向回参考点）

G28 X（U）__ Z（W）__；（刀架回参考点）

其中，X（U）、Z（W）坐标设定值为指定的某一个中间点，但此中间点不能超过参考点，如图 7-4 所示。

系统在执行"G28 X（U）__；"程序段时，刀具沿 X 方向快速向中间点移动，到达中间点后，再快速向参考点定位，到达参考点后，机床操作面板上的 X 方向参考点指示灯亮，说明 X 方向已到达参考点。

执行程序段"G28 Z（W）__；"的过程与 X 方向回参考点完全相同，只是在 Z 方向到达参考点时，机床操作面板上的 Z 方向参考点的指示灯亮。

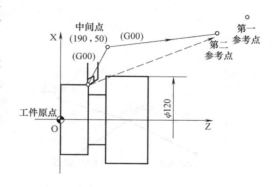

图 7-4   中间点的设置

程序段"G28 X（U）__ Z（W）__；"是上面两个过程的合成，即 X、Z 方向同时各自回其参考点，最后以 X 方向参考点与 Z 方向参考点的指示灯都亮而结束。

2）回机床固定点指令（G30）。回机床固定点指令用来在加工过程中检查坐标系的正确与否和建立机床坐标系，以确保精确地控制加工尺寸。

编程格式：G30 P2 X（U）__ Z（W）__；（回第二参考点，P2 可省略）

G30 P3 X（U）__ Z（W）__；（回第三参考点）

G30 P4 X（U）__ Z（W）__；（回第四参考点）

其中，回第二、第三和第四参考点程序段中的 X（U）、Z（W）的含义与 G28 指令中的相同。

3）回参考点校验指令（G27）。G27 指令用于加工过程中检查刀尖是否已准确回参考点。

编程格式：G27 X(U)__;(X方向参考点校验)

G27 Z(W)__;(Z方向参考点校验)

G27 X(U)__Z(W)__;(参考点校验)

其中，X、Z表示参考点的坐标，U、W为到参考点所移动的距离。

执行G27指令的前提是机床在通电后必须回过一次参考点（手动或用G28指令）。

执行完G27指令后，如果机床已准确回参考点，则机床操作面板上的参考点返回指示灯亮，否则，机床将报警。

4）从参考点返回指令（G29）。G29指令使刀具以快速移动速度，从机床参考点经过指令设定的中间点，快速移动到G29指令设定的返回点。

编程格式：G29 X(U)__Z(W)__;

其中，X、Z为返回点在工件坐标系的绝对坐标，U、W为返回点相对于参考点的增量坐标。当然，在从参考点返回时，可以不用G29指令而用G00或G01指令，使用G00或G01指令后，刀尖不经过G28指令设置的中间点，而直接运动到返回点，如图7-5所示。

例7-1 如图7-6所示，用端面切槽复合切削循环指令G74加工深孔和端面圆环槽。（假设已钻过中心孔。）

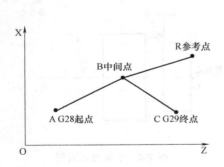

图7-5 G28指令与G29指令的关系

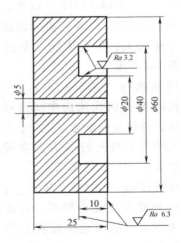

图7-6 端面切槽（钻孔）复合切削循环指令（G74）编程举例

以工件右端面中心为工件坐标系原点，切槽刀刀宽为3mm，以左刀尖为刀位点；选择 ϕ 5mm钻头进行中心孔加工。参考程序见表7-1。

表7-1 参考程序（O2024）

程序段号	程序内容	程序说明
	O2024	程序名
N10	T0101;	选择内槽车刀，刀宽为3mm
N20	G99 M03 S600;	主轴正转，转速为600r/min
N30	G00 X39.0 Z2.0;	

（续）

程序段号	程 序 内 容	程 序 说 明
N40	G74 R0.3;	
N50	G74 X20.0 Z-10.0 P2000 Q2000 F0.1;	
N60	G00 Z50.0;	
N70	X100.0;	
N80	T0202;	选择 ϕ5mm 钻头
N90	G00 X0.0 Z2.0;	
N100	G74 R0.3;	
N110	G74 Z-30.0 Q2000 F0.08;	
N120	G00 Z50.0;	
N130	X100.0	
N140	M05;	主轴停转
N150	M30;	程序结束

5. 车削内孔刀具和技术

（1）内孔车刀　内孔车刀分为通孔车刀和不通孔车刀，如图 7-7 所示。通孔车刀主偏角 κ_r 的范围为 $60° \sim 75°$，副偏角 κ'_r 的范围为 $15° \sim 30°$，刃倾角 $\lambda_s = 6°$；不通孔台阶孔车刀主偏角 κ_r 的范围为 $90° \sim 93°$，副偏角 $\kappa'_r = 6°$，刃倾角 $\lambda_s = -2° \sim 0°$。

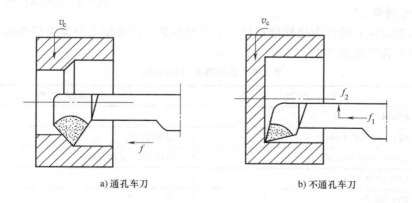

a) 通孔车刀　　　　　　　b) 不通孔车刀

图 7-7　内孔车刀

安装内孔车刀时，应注意以下几点：

1）刀尖应与工件中心等高或稍高（不超过 1mm）。

2）刀杆伸出长度不宜过长，一般比孔长 $5 \sim 6$mm。

3）刀杆基本平行于工件轴线。

4）不通孔车刀在装夹时，主切削刃应与孔底平面成 $3° \sim 5°$。

（2）车削内孔的关键技术

车削内孔是孔加工方法之一，可以粗加工也可以精加工（公差等级为 IT7~IT8，表面粗

糙度值为 $Ra1.6 \sim 3.2 \mu m$）。

车削内孔的关键技术是解决内孔车刀的刚性问题和排屑问题。

为了增加车削刚性，防止产生振动，要尽量选择粗的刀杆，装夹时刀杆伸出长度应尽可能短，只要略大于孔深即可。

在内孔加工过程中，主要是通过控制切屑排出的方向来解决排屑问题。精加工时采用正刃倾角，使切屑向待加工表面方向排出；加工不通孔时应采用负刃倾角，使切屑从孔口排出。

例 7-2 编写图 7-8 所示轴套内孔的加工程序。已知毛坯尺寸为 $\phi40mm \times 38mm$。（假设已钻过中心孔。）

本零件为最基本的套类零件，外圆和左端面为非加工表面，主要任务是加工直径为 $\phi25mm$（Z 方向深度为 38mm）和 $\phi30mm$（Z 方向深度为 18mm）的两个孔。加工所需刀具为 $\phi3mm$ 中心钻，$\phi20mm$ 麻花钻，93° 外圆车刀和内孔镗刀。工件加工划分为以下三道工序。

1）车平端面，用 $\phi3mm$ 的中心钻钻中心孔（导向孔），用 $\phi20mm$ 的麻花钻钻通孔。

2）使用 G71 指令一次粗加工 $\phi25mm$ 和 $\phi30mm$ 的两个孔和两个内倒角 $C1$，再使用 G70 指令精加工孔。

3）加工外倒角 $C2$。

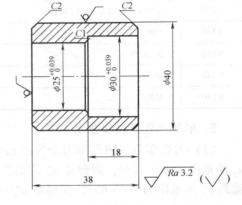

图 7-8 轴套零件图

以工件右端面中心处作为坐标原点建立工件坐标系，用自定心卡盘夹持外圆柱表面装夹定位，编写参考程序见表 7-2。

表 7-2 参考程序（O2018）

程序段号	程序内容	程序说明
	O2018；	
N10	G21 G40 G97 G99；	程序初始化
N20	T0101 S500 M03 F0.2；	选择 $\phi20mm$ 麻花钻
N22	G00 X0.0 Z2.0；	
N24	G74 R0.3；	
N26	G74 Z-45.0 Q2000 F0.08；	
N28	G00 Z50.0；	
N30	X100.0；	
N32	T0202；	换粗车刀
N35	G00 X20.0 Z2.0；	
N40	G71 U0.75 R0.5；	
N50	G71 P60 Q140 U-0.8 W0.02；	
N60	G41 G00 X32.0；	建立刀尖圆弧半径左补偿
N70	G01 Z0；	

（续）

程序段号	程序内容	程序说明
N80	X30.0 Z-1.0;	
N90	Z-18.0;	
N100	X27.0;	
N110	X25.0 W-1.0;	
N120	Z-38.0;	
N130	X22.0;	
N140	G40 X20.0;	取消刀尖圆弧半径补偿
N150	G00 Z100.0;	
N155	X100.0	
N160	M05;	
N180	T0202 S1500 M03 F0.1;	
N190	G00 X20.0 Z2.0;	
N200	G70 P60 Q140;	
N210	G00 Z100.0;	
N215	X100.0;	
N220	M05;	
N230	M30;	

例7-3　完成图7-9所示零件的加工，零件毛坯尺寸为 $\phi100\text{mm}×52\text{mm}$，材料为45钢。

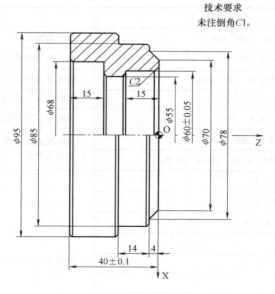

图7-9　盘类零件图

1）确定装夹方案。用自定心卡盘夹紧定位，加工完工件左端后，需掉头装夹。

2）零件数控加工工序卡片见表7-3，数控加工刀具卡片见表7-4。

表 7-3　盘类零件数控加工工序卡

工步号	工步内容(进给路线)	主轴转速 n/(r/min)	进给量 f/(mm/r)	背吃刀量 a_p/mm
1	车削端面	600	0.2	
2	手动进给钻 ϕ30mm、ϕ52mm 孔	400		
3	粗车外表面	600	0.2	2
4	精车外表面	800	0.1	0.3
5	粗镗内表面	400	0.1	1
6	精镗内表面	600	0.08	0.2
7	掉头车端面,控制零件总长 40mm,倒角	600	0.1	
8	粗车内表面	600	0.1	1
9	精车内表面	800	0.1	0.2

表 7-4　盘类零件数控加工刀具卡

序号	刀具号	刀具名称及规格	刀尖圆弧 半径/mm	加工表面
1	T0101	93°外圆车刀右偏刀	0.4	外表面、端面
2	T0202	粗、精镗刀	0.4	镗内表面
3	T0303	ϕ30mm 麻花钻		内孔(钻孔)
4	T0404	ϕ52mm 麻花钻		内孔(扩孔)

3) 工件参考程序。设定工件右端内外表面加工程序名为 "O1101",加工参考程序见表 7-5,工件左端内孔加工程序名为 "O1102",加工参考程序见表 7-6。

表 7-5　盘类零件右端数控加工参考程序 (O1101)

程序段号	程序内容	程序说明
N10	G21　G40　G99　G97;	程序初始化
N20	M03　S600　T0101;	选 1 号外圆车刀,主轴正转,转速为 600r/min
N30	G00　X102.0　Z0　M08;	快速定位至切削起点
N40	G01　X0　F0.2;	车削加工工件端面
N50	G00　X100.0　Z2;	快速定位至外圆循环起点
N60	G71　U2.0　R0.5;	用外圆粗加工复合固定循环指令 G71 粗加工工件右端外圆
N70	G71　P80　Q160　U0.6　F0.2;	
N80	G00　X70.0;	精加工工件右端外轮廓
N90	G01　Z0　F0.1;	
N100	X78.0　Z-4.0;	
N110	X83.0;	
N120	X85.0　Z-5.0;	
N130	Z-18.0;	
N140	X93.0;	
N150	X95.0　Z-19.0;	
N160	Z-40.0;	

（续）

程序段号	程 序 内 容	程 序 说 明
N170	G00　X100.0　Z100.0;	回换刀点
N180	M05;	主轴停转
N190	M00;	程序暂停,检测工件
N200	M03　S800;	主轴正转,转速为800r/min
N210	G00　X100.0　Z2.0;	快速定位至精加工外圆循环起点
N220	G70　P80　Q160;	用G70指令精加工工件右端外圆
N230	G00　X100.0　Z100.0;	回换刀点
N240	M03　S400　T0202;	换2号内孔镗刀,主轴正转,转速为400r/min
N250	G00　X50.0　Z2.0;	快速定位至粗镗内孔循环起点
N260	G72　W2.0　R0.5;	用粗加工复合循环指令G72粗镗工件右端
N270	G72　P280　Q330　U-0.4　F0.1;	内孔
N280	G00　Z-16;	
N290	G01　X55.0　F0.08;	
N300	X57.0　Z-15.0;	
N310	X60.0;	精加工工件内轮廓
N320	Z-2.0;	
N330	X64.0　Z0;	
N340	G00　X100.0　Z100.0;	回换刀点
N350	M05;	主轴停转
N360	M00;	程序暂停,检测工件
N370	M03　S600　T0202;	选2号镗刀,主轴正转,转速为600r/min
N380	G00　X50.0　Z2.0;	快速定位至精镗内孔循环起点
N390	G70　P280　Q330;	精镗工件右端内孔
N400	G00　X100.0　Z100.0;	回换刀点
N410	M30;	程序结束

表7-6　盘类零件左端内孔数控加工参考程序（O1102）

程序段号	程 序 内 容	程 序 说 明
N10	G21 G40 G99 G97;	刀具到达换刀点
N20	M03 S400 T0202;	选2号内孔镗刀,主轴正转,转速为400r/min
N30	G00 X55.0 Z2.0;	快速定位至内孔循环起点
N40	G72 W2.0 R0.5;	用外圆粗加工复合固定循环指令粗镗右端
N50	G72 P60 Q110 U-0.4 F0.1;	内孔
N60	G00 Z-16.0;	
N70	G01 X55.0 F0.08;	
N80	X57.0 Z-15.0;	精加工工件左端内轮廓
N90	X68.0;	

（续）

程序段号	程序内容	程序说明
N100	Z-1.0;	精加工工件左端内轮廓
N110	X70.0 Z0.0;	
N120	G00 X100.0 Z100.0;	回换刀点
N130	M05;	主轴停转
N140	M00;	程序暂停,检测工件
N150	M03 S600 T0202;	选2号内孔镗刀,主轴正转,转速为600r/min
N160	G00 X50.0 Z2.0;	快速定位至内孔循环起点
N170	G70 P60 Q110;	用G70指令精镗工件右端内孔
N180	G00 X100.0 Z100.0;	回换刀点
N190	M30;	程序结束

4）安全操作和注意事项。

① 车床空载运行时，注意检查车床各部分运行状况。

② 装夹工件时，夹持部分不能太短，要注意伸出长度，掉头装夹时，不要夹伤已加工表面。

③ 切削用量的选取要考虑车床、刀具的刚性，避免加工时引起刀具振动或使工件产生振纹，不能达到工件表面质量要求。

④ 工件掉头装夹后，在车削加工前，要重新对刀确定加工换刀点（X100，Z100）。

⑤ 在加工工件过程中，要注意中间检验工件质量，如果加工质量出现异常，应停止加工，并采取相应措施。

 任务实施

1. 工艺分析

（1）选择夹具　自定心卡盘。

（2）选择量具　长度选择游标卡尺或深度尺进行测量、外径选择外径千分尺进行测量、内径选择内测千分尺进行测量。

（3）数控加工工序卡　零件需要通过两次装夹完成加工。零件数控加工工序卡见表7-7，数控加工刀具卡见表7-8。

表7-7　法兰盘数控加工工序卡

工步号	工步内容（进给路线）	主轴转速 $n/(r/min)$	进给量 $f/(mm/r)$	背吃刀量 a_p/mm
程序1	夹住一头,工件伸出长度为25mm,调用主程序1加工			
1	车端面	600	0.2	
2	粗车外表面	600	0.2	3
3	精车外表面	800	0.1	0.25
程序2	工件掉头装夹,车端面,调用主程序2加工			
1	车端面,控制零件总长	600	0.2	

（续）

工步号	工步内容（进给路线）	主轴转速 $n/(r/min)$	进给量 $f/(mm/r)$	背吃刀量 a_p/mm
程序2	工件掉头装夹，车端面，调用主程序2加工			
2	手动钻 $\phi36mm$ 孔			
3	粗镗内表面	600	0.15	1
4	精镗内表面	800	0.08	0.2
5	割内槽	500	0.08	
6	粗车外表面	600	0.2	3
7	精车外表面	800	0.1	0.25

表7-8　法兰盘数控加工刀具卡

序号	刀具号	刀具名称及规格	刀尖圆弧半径 /mm	加工表面
1	T0101	93°外圆车刀右偏刀	0.4	外表面、端面
2	T0202	内孔镗刀（粗、精）	0.4	镗孔及内锥面
3	T0303	内槽车刀（刀具宽度3mm）		内槽
4	T0404	$\phi20mm$ 麻花钻		钻孔
5	T0505	$\phi36mm$ 麻花钻		扩孔

2. 编制程序

设定法兰盘左端内外表面加工程序名为"O1140"，加工参考程序见表7-9，工件右端内外表面加工程序名为"O1150"，加工参考程序见表7-10。

表7-9　法兰盘左端数控加工参考程序（O1140）

程序段号	程序内容	程序说明
N10	G21　G40　G99　G97;	程序初始化
N20	M03　S600　T0101;	选1号外圆车刀，主轴正转，转速为600r/min
N30	G00　X132.0　Z0.0　M08;	快速定位至端面
N40	G01　X0.0　F0.2;	车削端面
N50	G00　X130.0　Z2.0;	快速定位至循环起点
N60	G72　W3.0　R0.5;	用粗加工复合循环指令G72粗加工工件左端外圆
N70	G72　P80　Q130　U0.5　F0.2;	
N80	G00　X72.0;	
N90	G01　Z0.0　F0.1;	精加工外圆
N100	G03　X76.0　Z-2.0　R2.0;	
N110	G01　Z-16.0;	
N120	X116.0;	
N130	X120.0　W-2.0;	
N140	G00　X150.0　Z100.0;	回换刀点
N150	M05;	主轴停转
N160	M00;	暂停检测工件

（续）

程序段号	程序内容	程序说明
N170	M03 S800;	
N180	G00 X130.0 Z2.0;	精车外圆循环起点
N190	G70 P80 Q130;	精车工件左端外圆
N200	G00 X150.0 Z100.0 M09;	回换刀点
N210	M05;	主轴停转
N220	M30;	程序结束

表 7-10 法兰盘右端外圆、内孔数控加工参考程序（O1150）

程序段号	程序内容	程序说明
N10	G00 X150.0 Z100.0;	刀具到达换刀点
N20	M03 S500 T0202;	换内孔镗刀
N30	G00 X35.0 Z2.0;	粗镗内孔循环起点
N40	G71 U1.0 R0.5;	粗镗工件右端内孔
N50	G71 P60 Q120 U−0.4 F0.15;	
N60	G00 X62.0;	
N70	G01 Z0.0 F0.08;	
N80	X60.0 Z−1.0;	
N90	Z−28.0;	
N100	X40.0;	
N110	Z−39.0;	
N120	X40.0 Z−40.0;	
N125	G00 X150.0 Z100.0;	回换刀点
N130	M05;	主轴停转
N140	M00;	暂停检测工件
N150	M03 S600;	
N160	G00 X35.0 Z2.0;	精镗内孔循环起点
N170	G70 P60 Q120;	精镗工件右端内孔
N180	G00 X150.0 Z100.0 M09;	回换刀点
N190	M03 S500 T0303;	换内槽车刀
N200	G00 X38.0 Z2.0;	割内槽
N210	Z−28.0;	
N220	G01 X62.0 F0.08;	
N230	G00 X35.0;	径向退刀
N240	Z100.0;	轴向退刀
N250	X150.0;	回换刀点
N260	M03 S600 T0101;	选外圆车刀
N270	G00 X130.0 Z2.0;	粗车外圆循环起点

（续）

程序段号	程 序 内 容	程 序 说 明
N280	G72 W3 R0.5;	粗车工件右端外圆
N290	G72 P300 Q350 U0.5 F0.2;	
N300	G00 X72.0;	
N310	G01 Z0 F0.1;	
N320	X76.0 Z-2.0;	
N330	Z-12.0;	
N340	X120.0;	
N350	Z-23.0;	
N360	G00 X150.0 Z100.0;	回换刀点
N370	M05;	主轴停转
N380	M00;	暂停检测工件
N390	M03 S800;	
N400	G00 X130.0 Z2.0;	精车外圆循环起点
N410	G70 P300 Q350;	精车工件右端外圆
N420	G00 X150.0 Z100.0;	回换刀点
N430	M05;	主轴停转
N440	M30;	程序结束

3. 检测与评分

将任务完成情况的检测与评分填入表 7-11 中。

表 7-11　法兰盘数控加工检测与评分表

班级				姓名		学号		
项目名称			法兰盘加工			零件图号		
		序号	检测内容		配分	学生自评		教师评分
基本检查	编程	1	加工工艺路线制订正确		5			
		2	切削用量选择合理		5			
		3	程序正确		5			
	操作	4	设备操作、维护、保养正确		5			
		5	安全、文明生产		5			
		6	刀具选择、安装正确规范		5			
		7	工件找正、安装正确规范		5			
工作态度		8	纪律表现		5			
外圆		9	$\phi120$mm	IT	3			
				$Ra6.3\mu$m	2			
		10	$\phi76\pm0.2$mm	IT	4			
				$Ra3.2\mu$m	3			
		11	$\phi76^{-0.01}_{-0.056}$mm	IT	6			
				$Ra6.3\mu$m	2			

（续）

班级				姓名		学号		
项目名称			法兰盘加工			零件图号		
	序号	检测内容			配分	学生自评	老师评分	
内孔	12	$\phi40^{+0.2}_{0}$mm		IT	5			
				$Ra6.3\mu m$	2			
	13	$\phi60^{+0.045}_{0}$mm		IT	6			
				$Ra6.3\mu m$	2			
内槽	14	3mm×1mm		IT	2			
				$Ra6.3\mu m$	1			
长度	15	40mm			3			
	16	12mm（2处）			6			
	17	28mm			3			
其他	18	R2mm 圆弧			2			
	19	倒角（4处）			8			
综合得分					100			

任务二 端盖的加工

任务描述

完成图 7-10 所示零件的加工毛坯尺寸为 $\phi60$mm×25mm，材料为 45 钢，内孔已经钻出 $\phi16$mm 的预制孔。

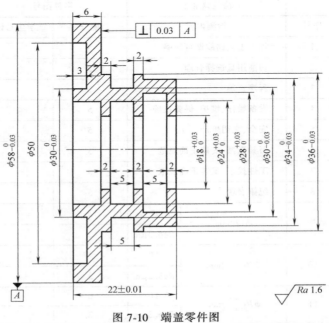

图 7-10 端盖零件图

知识准备

1. 槽的分类及加工方式

槽的种类很多，考虑其加工特点，大体可分为单槽、多槽、宽槽、深槽及异形槽。

1）对于宽度、深度值相对不大，且精度要求不高的槽，可采用与槽等宽的刀具，直接切入、切出一次成形，如图 7-11 所示。

2）对于宽度值不大，但深度值较大的深槽零件，为了避免切槽过程中由于排屑不畅使刀具前面压力过大，出现扎刀和折断刀具的现象，应采用分次进刀的方式。刀具在切入工件一定深度后，停止进刀并回退一段距离，达到断屑和退屑的目的，如图 7-12 所示。

3）宽槽的加工方式。通常把大于一个车刀宽度的槽称为宽槽，宽槽的宽度、深度的精度要求及表面质量相对较高。在车削宽槽时，常采用排刀的方式进行粗加工，然后用精切槽刀沿槽的一侧切至槽底，再精加工槽底至槽的另一侧面，如图 7-13 所示。

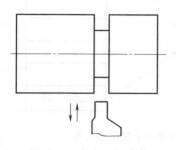
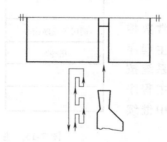
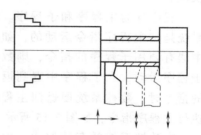

图 7-11　宽度、深度值
不大的槽加工方式　　　　图 7-12　宽度值不大但深度值
较大的深槽的加工方式　　　　图 7-13　宽槽的加工方式

2. 切槽刀的选择

切槽刀以横向进给为主，前端的切削刃为主切削刃，两侧的切削刃为副切削刃。一般切槽刀的主切削刃较窄，刀头较长，所以刀头强度较差。常见的切槽刀有高速钢切槽刀和硬质合金切槽刀。

切槽刀的几何参数如图 7-14 所示，前角 γ_o 的范围为 $5° \sim 20°$，后角 α_o 的范围为 $6° \sim 8°$，

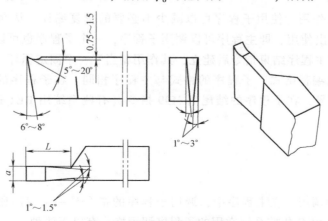

图 7-14　切槽刀的几何参数

两个副后角 α'_o 的范围为 $1° \sim 3°$，主偏角 $\kappa_r = 90°$，两个副偏角 κ'_r 的范围为 $1° \sim 1.5°$。

3. 切槽刀的安装

1）为了增加切槽刀的刚性，安装时，刀体不宜伸出过长，切槽刀的中心线必须与工件中心线垂直，以保证两个副偏角对称，否则切出的槽壁不平行。

2）切断实心工件时，切断刀的主切削刃必须与工件中心等高，否则不能切到中心，而且容易崩刃，甚至折断刀具。

3）切槽刀的底平面应平整，以保证两个副偏角对称。

4）内槽车刀的安装应使其主切削刃与内孔中心等高或略高，以保证两侧副偏角对称。

4. 子程序

在实际的生产操作中，经常会碰到某一固定的加工操作重复出现，可把这部分操作编写成程序，预先存入存储器中，根据需要随时调用，使程序的编写变得简单、快捷。

程序分为主程序和子程序。通常数控系统是按主程序指令运动的，如果主程序中遇有调用子程序的指令，则数控系统按子程序运动，在子程序中遇到返回主程序的指令时，数控系统便返回主程序中继续执行主程序指令，如图 7-15 所示。

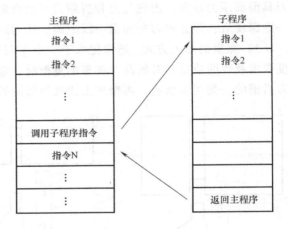

图 7-15　主程序和子程序的关系

在数控系统的存储器内，主程序和子程序合计可存储一定数量的程序（不同数控系统，总数量不一样），选择其中一个主程序后，便可按其指示控制数控车床工作。

5. 子程序的编程方法

（1）子程序的定义　在使用数控车床加工零件的过程中，常常会出现几何形状完全相同的加工轨迹，在编制加工程序时，有一些固定顺序和重复模式的一组程序段通常在几个程序中都会被调用，可以将这组典型的加工程序段做成固定程序，并单独命名，这组程序段称为子程序。

（2）子程序的作用　使用子程序可以减少不必要的重复编程，从而达到简化编程的目的。子程序可以调出使用，即主程序可以调用子程序，一个子程序也可以调用下一级的子程序。子程序必须在主程序结束指令后建立，其作用相当于一个固定循环。

（3）子程序的编程格式　子程序的格式与主程序相同。在子程序的开头，在地址字 O 的后面写上子程序号，在子程序的结尾用 M99 指令（有些系统用 RET 返回），表示子程序结束、返回主程序。

O××××；

⋮

M99；

（4）子程序的调用　在主程序中，调用子程序的指令是一个程序段，其格式随具体的数控系统而定；FANUC 数控系统常用的子程序调用格式有以下两种：

1）编程格式：M 98　P×××× L××××；

其中，M98 为子程序调用字；P 为子程序号，指定值的范围与该数控系统相同（为 1～9999），如果定义多于四位数的值，则最后四位数就作为子程序号；L 为子程序重复调用次数，重复次数的指定值范围为 1～9999，L 省略时为调用一次子程序。

2）编程格式：M 98　P×××× ××××；

其中，P 后面的前四位数为重复调用次数，省略时为调用一次；后四位数为子程序号。

例如 M98 P51002，表示号码为 1002 的子程序连续调用 5 次。M98 P××××指令也可以与移动指令同时存在于一个程序段中。

由此可见，子程序由程序调用字、子程序号和调用次数组成。

（5）子程序的嵌套　为了进一步简化程序，可以让子程序调用另一个子程序，该过程称为程序的嵌套。上一级子程序与下一级子程序的关系，与主程序与第一层子程序的关系相同。

图 7-16 所示为子程序的嵌套及执行顺序。

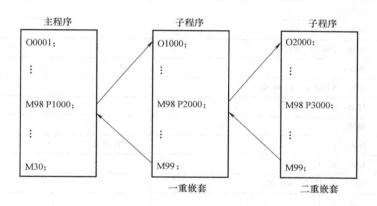

图 7-16　子程序的执行过程

需要注意的是，子程序嵌套不是无限次的，子程序可以嵌套多少层由具体的数控系统决定。在 FANUC 系统中，一般只能有两次嵌套，但当具有宏程序选择功能时，可以调用四重子程序。

例 7-4　完成图 7-17 所示不等距槽轴的加工。毛坯尺寸为 φ30mm×80mm，材料为铝合金。

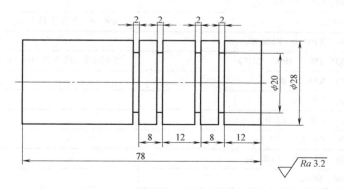

图 7-17　不等距槽轴零件图

选择外圆车刀，设置刀具号为 T0101；选择切槽刀（右刀尖为对刀点，其宽度为 2mm），设置刀具号为 T03。不等距槽轴数控加工参考程序见表7-12。

表 7-12　参考程序（O0001）

程序段号	程　序　内　容	程　序　说　明
	O0001；	主程序名(加工工件右端面)
N0005	T0101；	
N0010	G99　G00　X100.0　Z100.0；	
N0020	M03　S500　M08；	主轴正转,转速为 500r/min
N0030	G00　X35.0　Z0；	
N0040	G01　X0　F0.1；	
N0050	G00　X28.0　Z2.0；	
N0060	G01　Z−45.0　F0.1；	
N0070	G00　X100.0　Z100.0；	
N0080	T0303；	
N0090	G00　X32.0　Z0；	
N0100	M98　P0015　L1；	
N0110	M09；	
N0120	G00　X100.0　Z100.0；	
N0130	M05；	
N0140	M30；	
	O0015；	子程序名
N0010	G00　W−12.0；	
N0020	G01　U−12.0　F0.05；	
N0030	G04　X1.0；	
N0040	G00　U12.0；	
N0050	W−8.0；	
N0060	G01　U−12.0　F0.05；	
N0070	G04　X1.0；	
N0080	G00　U12.0；	
N0090	M99；	
	O0002；	主程序（加工工件左端）
N0010	G00　X100.0　Z100.0；	
N0020	M03　S500　M08　T0101；	主轴正转,转速为 500r/min
N0030	G00　X35.0　Z0；	
N0040	G01　X0　F0.1；	
N0050	G00　X28.0　Z2.0；	
N0060	G01　Z−37.0　F0.1；	
N0070	G00　X100.0　Z100.0；	
N0080	M09　M05；	
N0090	M30；	程序结束

6. 径向切槽复合切削循环指令（G75）

编程格式：G75　R(e)；

　　　　　　G75　X(U)___　Z(W)___　P(Δi)　Q(ΔK)　R(Δd)　F___；

其中，e 为分层切削每次的退刀量；X（U）、Z（W）为切削终点坐标；

Δi 为 X 方向每次的切削深度（无符号，单位为 μm，直径值）；Δk 为 Z 方向每次的切削移动量（无符号，单位为 μm）；Δd 为切削到终点时 Z 方向的退刀量，通常不指定，省略 X（U）和 Δi 时，则视为 0；F 为径向切削时的进给速度。

说明：

1）径向切槽复合切削循环程序指令 G75 的运动轨迹如图 7-18 所示。其中点 A 为循环起点，点 A 至点 B 的距离为 X 方向总的切削量，点 A 至点 D 的距离为 Z 方向总的切削量。

2）当循环起点 X 坐标值大于 G75 指令中的 X 方向终点坐标值时，程序自动运行为外沟槽的加工方式；当循环起点 X 坐标值小于 G75 指令中的 X 方向终点坐标值时，程序自动运行为内沟槽的加工方式。

3）G75 指令中的 Z（W）值可省略或设定值为 0，即在循环过程中，刀具仅作 X 方向进给而不做 Z 方向偏移。

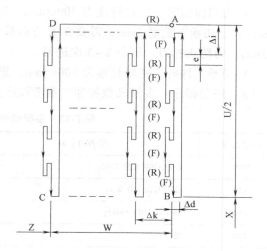

图 7-18　G75 径向切槽复合切削循环指令的运动轨迹

例 7-5　完成图 7-19 所示零件的加工。毛坯为 $\phi32mm \times 60mm$ 棒材，材料 45 钢，试采用 G74 和 G75 指令编写其加工程序。

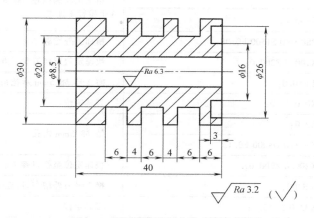

图 7-19　多槽轴数控加工编程示例

（1）选择刀具　T0101 外圆车刀；T0202 $\phi8.5mm$ 麻花钻；T0303 外槽车刀（刀宽为 4mm）；T0404 端面槽车刀（刀宽 3mm）。

（2）确定加工工艺参数

1）加工外轮廓时，粗加工时每次背吃刀量取 1~1.5mm，主轴转速为 800r/min，进给量取 0.15~0.2mm/r，预留 0.5~1mm 径向精加工余量；精加工时，主轴转速为 1500r/min，进给量取 0.05~0.1mm/r。

2）钻孔时，主轴转速为 500r/min，进给量取 0.1~0.2mm/r，为了断屑和提高孔的加工质量，可设定每钻 3~5mm 退一下刀。

3）切外轮廓槽时，主轴转速为 300r/min，进给量取 0.05~0.1mm/r；切槽时，由于槽宽为 6mm，大于切槽刀宽度 4mm，需要在 Z 方向移动（Z 方向最大移动量取刀宽的 75%），槽深为 5mm，为防止扎刀，可分 2~3 次进刀。

4）切端面槽时，主轴转速为 300r/min，进给量取 0.05~0.1mm/r；切槽时由于槽宽为 5mm，大于切槽刀宽度 3mm，需要在 X 方向移动（X 方向最大移动量取刀宽的 75%），槽深为 3mm，为防止扎刀，可分 2~3 次进刀。

5）切断工件时，主轴转速为 300r/min，进给量取 0.05~0.1mm/r。

（3）编制程序　多槽轴数控加工参考程序见表 7-13。

表 7-13　多槽轴数控加工参考程序

程序段号	程序内容	程序说明
N10	G97 G99 G21 G40;	程序初始化
N20	G00 G28 U0 W0;	快速定位至换刀参考点（机械原点）
N30	T0101 M03 S800;	换 1 号外圆车刀，主轴正转，转速为 800r/min
N40	M08;	切削液打开
N50	G00 X33.0 Z2.0;	快速定位至切削循环起点
N60	G71 U1.5 R1.0;	G71 指令粗车切削循环
N70	G71 P80 Q90 U0.5 W0 F0.15;	
N80	G00 X30.0;	精加工轮廓描述（精加工路径，$\phi20$mm×6mm 的 3 个槽暂不加工）
N90	G01 Z-45.0;	
N100	G70 P80 Q90 S1500 F0.08;	精加工外轮廓
N110	G00 X100.0 Z200.0;	快速定位至换刀参考点（人工设定）
N120	T0202 S50.0;	换 2 号 $\phi8.5$mm 麻花钻，选择 2 号刀具补偿
N130	G00 X0.0 Z3.0;	刀具定位
CN140	G74 R2.0;	钻 $\phi8.5$mm 内孔
N150	G74 Z-45.0 Q4000 F0.15	
N160	G00 X200.0 Z200.0;	快速定位至换刀参考点（人工设定）
N170	T0303 S300;	换 3 号刀外槽车刀，选择 3 号刀具补偿
N180	G00 X32.0 Z-10.0;	刀具定位
N190	G75 R0.5;	加工第一个外圆槽
N200	G75 X20. Z-12. P2000 Q3000 F0.1;	
N210	G00 Z-20.0;	刀具重新定位
M220	G75 R0.5;	加工第二个外圆槽
N230	G75 X20.0 Z-22.0 P2000 Q3000;	

（续）

程序段号	程序内容	程序说明
N240	G00 Z-30.0;	刀具重新定位
N250	G75 R0.5;	加工第三个外圆槽
N260	G75 X20.0 Z-22.0 P2000 Q3000;	
N270	G00 X200.0 Z200.0;	快速定位至换刀参考点（人工设定），
N280	T0404 S300;	换4号刀端面槽车刀,选择4号刀具补偿
N290	G00 X16.0 Z3.0;	刀具定位
N300	G74 R1.0;	切端面槽
N310	G74 X20.0 Z-3.0 P2000 Q1000 F0.1	
N320	G00 X200.0 Z200.0;	换外槽车刀
N330	T0303 S300;	
N340	G00 X32.0 Z-44.0;	刀具定位
N350	G01 X0 F0.05	切断
N360	G00 X100.0;	程序结束
N370	Z100.0;	
N380	M30;	

编程时需要注意以下几点：

1）在 FANUC 数控系统中，当出现以下情况而执行 G75 指令时，将会出现程序报警。

① X（U）或 Z（W）值指定，而 Δi 或 Δk 值未指定或指定为 0。

② Δk 值大于 Z 轴的移动量（W）或 Δk 值设定为负值。

③ Δi 值大于 U/2 或 Δi 值设定为负值。

④ 退刀量大于进刀量，即 e 值大于每次背吃刀量 Δk 或 Δi 值。

2）编程时注意，G75 指令的循环起点在 Z 方向的位置应设在槽内；G74 指令的循环起点在 X 方向的位置应设在槽内。

3）由于 Δi 和 Δk 为无符号值，所以刀具切深后的偏移方向由系统根据刀具起刀点及切槽终点的坐标自动判断。

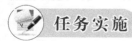 **任务实施**

1. 工艺分析

（1）选择夹具　自定心卡盘。

（2）选择量具　长度选择游标卡尺或深度尺测量、外径选择外径千分尺进行测量、内径选择内测千分尺进行测量。

（3）数控加工工序卡　零件需要通过两次装夹完成加工。零件数控加工工序卡见表7-14所示，数控加工刀具卡见表 7-15。

表 7-14　端盖数控加工工序卡

工步号	工步内容（进给路线）	主轴转速 $n/(\mathrm{r/min})$	进给量 $f/(\mathrm{mm/r})$	背吃刀量 a_p/mm
程序 1	夹住一头，加工工件左端，调用主程序 1 加工			
1	车端面	600	0.2	
2	粗加工外表面	600	0.2	3
3	精加工外表面	800	0.1	0.25
4	加工工件左端端面槽	500	0.05	2
程序 2	工件掉头装夹，车端面，加工工件右端，调用主程序 2 加工			
1	车端面，控制零件总长	600	0.2	
2	粗加工外表面	600	0.2	2
3	精加工内表面	800	0.1	0.2
4	加工外沟槽	500	0.05	2
5	加工内沟槽	600	0.05	2

表 7-15　数控加工刀具卡

序号	刀具号	刀具名称及规格	刀宽	加工表面
1	T0101	外车槽刀	2.5mm	外沟槽
2	T0202	内车槽刀	2.5mm	内沟槽
3	T0303	端面槽刀	2.5mm	端面槽

2. 编制程序

设定端盖左端的加工程序名为"O1210"，右端的加工程序名为"O1220"，部分外形轮廓的加工程序省略，参考程序见表 7-16 和表 7-17。

表 7-16　端盖数控加工参考程序（O1210）

程序号	程序内容	程序说明
	O1210;	
⋮	⋮	加工工件左端外轮廓，参考程序略
N10	G00　X100.0　Z100.0;	回换刀点
N20	M03　S500　T0303;	换 3 号刀具，主轴正转，转速为 500r/min
N30	G00　X45.0　Z2.0;	快速定位到循环起点
N40	G74　R0.3;	用 G74 指令加工端面槽
N50	G74　X30.0　Z-3.0　P2000　Q2000　F0.05;	
N60	G00　X100.0　Z100.0;	回参考点
N70	M30;	程序结束

表 7-17　数控加工参考程序卡片（O1220）

程序号	程序内容	动作说明
	O1220	
⋮	⋮	加工工件右端内、外圆轮廓，参考程序略

（续）

程序号	程序内容	动作说明
N10	G00　X100.0　Z100.0;	回换刀点
N20	T0101　M03　S500;	换1号刀，主轴正转，转速为500r/min
N30	G00　X38.0　Z-11.5;	快速定位至循环起点
N40	G75　R0.3;	用G75指令加工外圆槽
N50	G75　X30.0　Z-14.0　P2000　Q2000　F0.05;	
N60	G00　X100.0　Z100.0;	回换刀点
N70	T0202　M03　S600;	换2号刀，主轴正转，转速为600r/min
N80	G00　X16.0　Z2.0;	快速定位至内沟槽起点
N90	Z-4.5;	
N100	G75　R0.3;	用G75指令加工第一个内沟槽
N110	G75　X28.0　Z-7.0　P2000　Q2000　F0.05;	
N120	G00　Z-11.5;	快速定位至第二个槽的循环起点
N130	G75　R0.3;	加工第二个内沟槽
N140	G75　X24.0　Z-14.0　P2000　Q2000　F0.05;	
N150	G00　Z2.0;	退刀及回参考点
N160	X100.0　Z100.0;	
N170	M30;	程序结束

3．检测与评分

将任务完成情况的检测与评分填入表7-18中。

表7-18　端盖数控加工检测与评分表

班级			姓名		学号		
项目名称			端盖		零件图号		
		序号	检测内容		配分	学生自评	教师评分
基本检查	编程	1	加工工艺路线制订正确		5		
		2	切削用量选择合理		5		
		3	程序正确		5		
	操作	4	设备操作、维护、保养正确		5		
		5	安全、文明生产		5		
		6	刀具选择、安装正确规范		5		
		7	工件找正、安装正确规范		5		
工作态度		8	纪律表现		5		
外圆		9	$\phi 58_{-0.03}^{0}$ mm	IT	3		
				$Ra1.6\mu m$	2		
		10	$\phi 30_{-0.03}^{0}$ mm	IT	4		
				$Ra1.6\mu m$	3		
		11	$\phi 34_{-0.03}^{0}$ mm	IT	6		
				$Ra1.6\mu m$	2		

（续）

班级			姓名			学号		
项目名称			端盖			零件图号		
	序号	检测内容			配分	学生自评		教师评分
内孔	12	$\phi 18^{+0.03}_{0}$ mm		IT	5			
				$Ra1.6\mu m$	2			
	13	$\phi 24^{+0.03}_{0}$ mm		IT	6			
				$Ra1.6\mu m$	2			
内槽	14	5mm		IT	2			
				$Ra1.6\mu m$	1			
长度	15	6mm			3			
	16	5mm（2处）			6			
	17	22±0.01mm			3			
其他	18	2mm			2			
	19	端面槽（3处）			8			
综合得分					100			

巩固与提高

一、选择题

1. 在 FANUC 数控系统中，（　　）指令是端面粗加工复合循环指令。

A. G70　　　　　　B. G71　　　　　　C. G72　　　　　　D. G73

2. 在程序段"G76　X（U）　Z（W）　R（i）　P（K）　Q（Δd）;"中，（　　）表示锥螺纹始点与终点的半径差。

A. X、U　　　　　　B. i　　　　　　C. Z、W　　　　　　D. R

3. 在程序段"G75　X80　Z-120　P10　Q5　R1　F0.3;"中，（　　）表示 Z 方向间断切削长度。

A. -120　　　　　　B. 5　　　　　　C. 10　　　　　　D. 80

4. 程序段"G75　X20.0　P5.0　F0.15;"是间断端面复合切削循环指令，用于（　　）加工。

A. 钻孔　　　　　　B. 外沟槽　　　　　　C. 端面　　　　　　D. 外径

5. 在程序段"G76　X（U）　Z（W）　R（i）　P（K）　Q（Δd）;"中，（　　）表示螺纹终点的增量值。

A. X、U　　　　　　B. U、W　　　　　　C. Z、W　　　　　　D. R

6. 为了防止刃口磨钝以及切屑嵌入刀具后面与孔壁间，将孔壁拉伤，铰刀必须（　　）。

A. 慢慢铰削　　　B. 迅速铰削　　　C. 正转　　　D. 反转

7. 车孔时，如果车刀已经磨损，刀杆振动，加工出的孔（　　）。

A. 同轴度超差　　　　　　　　　　B. 表面粗糙度值较大

C. 圆度超差　　　　　　　　　　　D. 精度超差

8. 在 FANUC 数控系统中，（　　）指令是间断端面复合切削循环指令。

A. G72 B. G73 C. G74 D. G75

9. 在程序段"G75 X80 Z−120 P10 Q5 R1 F0.3;"中，（　　）表示台阶长度。

A. 80 B. −120 C. 5 D. 10

10. 在程序段"G75 X20.0 P5.0 F0.15;"中，（　　）的含义是沟槽直径。

A. F0.15 B. P5.0 C. X20.0 D. G75

二、编程题

1. 编写图 7-20 所示盘类零件的数控加工程序，毛坯尺寸为 $\phi65mm×34mm$，材料为 45 钢。

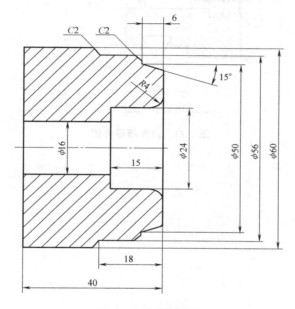

图 7-20 盘类零件图

2. 编写图 7-21 所示盘类零件的数控加工程序，毛坯尺寸为 $\phi60mm×30mm$，材料为 45 钢。

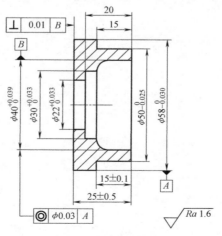

图 7-21 盘类零件图

3. 编写图 7-22 所示内外槽零件的数控加工程序，零件材料为 45 钢，毛坯为 ϕ85mm 棒料。

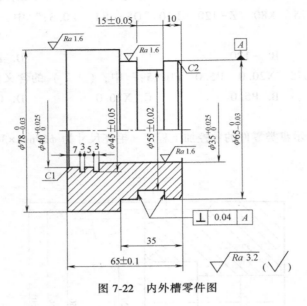

图 7-22　内外槽零件图

项目八

螺纹类零件的加工

知识目标

1. 了解螺纹类零件的数控车削工艺，会制订螺纹类零件的数控加工工艺。

2. 合理选用车削螺纹的工艺参数。

3. 掌握螺纹编程加工指令的适用范围和编程技巧。

技能目标

1. 掌握三角形外螺纹车刀安装及对刀方法。

2. 掌握车削外螺纹时的进刀方法及切削余量的合理分配。

3. 能合理应用指令加工螺纹，合理选用车削螺纹的切削用量。

4. 能通过工件检测来验证工件加工的正确性。

任务一　圆柱螺纹轴的加工

 任务描述

完成图 8-1 所示零件的加工，毛坯为 φ20mm×60mm 铝棒。

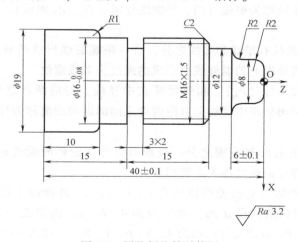

图 8-1　圆柱螺纹轴零件图

知识准备

　　用数控车床可以加工圆柱面螺纹、圆锥面螺纹以及端面螺纹，尤其是使用普通车床不能加工的特殊螺距的螺纹、变螺距的螺纹在数控车床上也能加工。螺纹加工编程指令可分为单段切削指令、单一循环切削指令和复合循环切削指令。

　　普通螺纹是连接螺纹，其主要参数如图 8-2 所示。

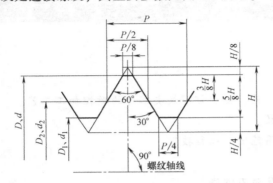 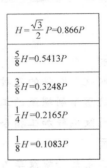

$$H = \frac{\sqrt{3}}{2}P = 0.866P$$

$$\frac{5}{8}H = 0.5413P$$

$$\frac{3}{8}H = 0.3248P$$

$$\frac{1}{4}H = 0.2165P$$

$$\frac{1}{8}H = 0.1083P$$

图 8-2　普通螺纹的主要参数

D—内螺纹大径　d—外螺纹大径　D_2—内螺纹中径　d_2—外螺纹中径

D_1—内螺纹小径　d_1—外螺纹小径　P—螺距　H—理论高度

1. 普通螺纹的基本要素

　　（1）牙型　沿螺纹轴线剖切时，螺纹牙齿轮廓的剖面形状称为牙型。螺纹的牙型有三角形、梯形、锯齿形等。不同的螺纹牙型，有不同的用途。

　　（2）螺纹的直径（大径、小径、中径）　与外螺纹牙顶或内螺纹牙底相重合的假想圆柱面的直径称为大径（内、外螺纹分别用 D、d 表示），也称为螺纹的公称直径。与外螺纹牙底或内螺纹牙顶相重合的假想圆柱面的直径称为小径（内、外螺纹分别用 D_1、d_1 表示）。其表达式为 $D_1(d_1) = D(d) - 1.3P$。在大径与小径之间，其母线通过牙型上沟槽和凸起宽度相等的假想圆柱面的直径称为中径（内、外螺纹分别用 D_2、d_2 表示）。其表达式为 $D_2(d_2) = D(d) - 0.6495P$。

　　（3）线数（n）　螺纹有单线和多线之分，沿一条螺旋线形成的螺纹为单线螺纹；沿轴向等距分布的两条或两条以上的螺旋线所形成的螺纹为多线螺纹。

　　（4）螺距（P）和导程（P_h）　相邻两牙在中径线上对应两点之间的轴向距离称为螺距。同一螺旋线上相邻两牙在中径线上对应两点之间的轴向距离称为导程。导程与螺距的关系为 $P_h = nP$

　　（5）旋向　螺纹有右旋和左旋之分。按顺时针方向旋转时旋进的螺纹称为右旋螺纹，按逆时针方向旋转时旋进的螺纹称为左旋螺纹。

　　（6）公差等级　外螺纹的公差带位置有 e、f、g、h，外螺纹中径 d_2 的公差等级为 3、4、5、6、7、8、9，外螺纹大径 d 的公差等级为 4、6、8；内螺纹的公差带位置有 G、H，内螺纹小径 D_1 和中径 D_2 的公差等级均为 4、5、6、7、8。一般默认的公差等级是 6g（外螺纹）、6H（内螺纹）。

2. 螺纹的加工余量

在加工普通外（内）螺纹前，上一道的工序已将其外圆（内孔）直径加工到螺纹大径（小径）尺寸，螺纹加工的总加工余量应为大径减去小径的值，即 $2h$，h 为牙深，$h = 5H/8$，这个值可以通过普通螺纹牙型计算公式准确地算出。在螺纹加工中，考虑刀尖圆弧半径等影响因素，h 常用经验公式计算：

$$h \approx 0.6495 \times P（螺距）\approx 0.65 \times P（螺距） \quad 2h \approx 1.299 \times P（螺距）\approx 1.3 \times P（螺距）$$

例如加工 M30×2 的螺纹时，其总加工余量为 $1.299 \times 2\mathrm{mm} \approx 1.3 \times 2\mathrm{mm} = 2.6\mathrm{mm}$。

3. 螺纹切削加工的走刀次数和背吃刀量

螺纹加工处于多刃切削，切削力大，需进行多次切削。每次的切削深度应按递减规律分配，如图 8-3 所示。

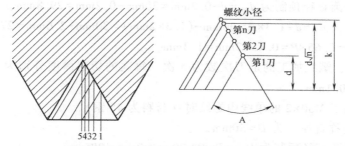

图 8-3　螺纹切削的走刀次数和切削深度规律分配图

由图 8-3 不难分析出，如果每次的切削深度不按递减规律分配，就会使切削面积逐渐增大，从而使切削力逐渐增大，进而影响加工精度。所以，每次的切削深度应按递减规律分配。

常用螺纹加工走刀次数与切削深度分配见表 8-1，加工时为防止切削力过大，可适当增加切削加工次数。

表 8-1　常用螺纹加工走刀次数与切削深度　　　　（单位：mm）

螺距 P		1.0	1.5	2.0	2.5	3.0	3.5	4.0
牙深（半径值）		0.649	0.974	1.299	1.624	1.949	2.273	2.598
走刀次数及切削深度（直径值）	1 次	0.7	0.8	0.9	1.0	1.2	1.5	1.5
	2 次	0.4	0.6	0.6	0.7	0.7	0.7	0.8
	3 次	0.2	0.4	0.6	0.6	0.6	0.6	0.6
	4 次		0.16	0.4	0.4	0.4	0.4	0.6
	5 次			0.1	0.4	0.4	0.4	0.4
	6 次				0.15	0.4	0.4	0.4
	7 次					0.2	0.2	0.4
	8 次						0.15	0.3
	9 次							0.2

注：表中走刀次数和切削深度可根据工件材料及刀具的种类酌情增减。

4. 螺纹的预制

为保证内、外螺纹结合的互换性，需采用经验法对轴和孔进行预制。

1）车削三角形外螺纹时，受车刀挤压使螺纹大径尺寸变大，因此车削螺纹前的外圆直径尺寸应预制成比螺纹大径小。当螺距范围为 1.5~3.5mm 时，加工螺纹前的外圆直径预制成比螺纹大径小 0.2~0.4mm，一般取 $d_{轴} \approx d - 0.1P$。

2）车削三角形内螺纹时，如图 8-2 所示，实际小径为 $D_1 = D - 5H/8 \times 2 = D - 1.08P$，但加工时受车刀挤压使螺纹内孔尺寸缩小，因此车削加工螺纹前的内孔直径应预制成略大一些，可以按下列近似公式计算：

车削加工塑性金属的内螺纹时：$D_{孔} \approx D - P$（D 为内螺纹的公称直径，P 为螺距）

车削加工脆性金属的内螺纹时：$D_{孔} \approx D - 1.05P$

例如，车削加工 M30×2 的单线外螺纹时（材料为 45 钢），

螺纹大径（公称直径）为 $d = 30mm$，

螺纹加工前外圆直径预制为 $d_{轴} = d - 0.2mm = 30mm - 0.2mm = 29.8mm$，

螺纹加工小径为 $d_1 = d - 1.3 \times P = 30mm - (1.3 \times 2mm) = 30mm - 2.6mm = 27.4mm$，

螺纹牙深为 $h = 0.65 \times P = 0.65 \times 2mm = 1.3mm$，

查表 8-1 可知，螺纹加工的走刀次数为 5 次，每次的切削深度分别为 0.9mm、0.6mm、0.6mm、0.4mm、0.1mm。

例如，车削加工 M30×2 的单线内螺纹时（材料为 45 钢），

螺纹大径（公称直径）为 $D = 30mm$，

螺纹加工前内孔直径预制为 $D_{孔} = D - P = 30mm - 2mm = 28mm$，

螺纹牙深为 $h = 0.65 \times P = 0.65 \times 2mm = 1.3mm$，

查表 8-1 可知，螺纹加工的走刀次数为 5 次，每次的切削深度分别为 0.9mm、0.6mm、0.6mm、0.4mm、0.1mm。

5. 主轴转速和进给速度

数控车床进行螺纹切削时是根据主轴上的位置编码器发出的脉冲信号，控制刀具进给运动形成螺旋线，主轴每转一转，刀具进给一个螺距，例如，切削螺距为 2mm 的螺纹，主轴每转一转刀具进给 2mm，则刀具的进给量 f 就是 2mm/r，而车削工件时，我们常选择的刀具进给量为 0.2mm/r 左右。由此可以看出，螺纹切削时的刀具进给速度非常快，因此，螺纹切削时要选择较低的主轴转速，降低刀具的进给速度。另外，螺纹切削进给速度很快，加工前一定要确认加工程序和加工过程正确后，方可加工，防止出现意外事故。

6. 螺纹切入、切出量的确定

为保证螺纹加工质量，切削螺纹时应在螺纹切削起点和终点设置足够的切入、切出量。因此，实际螺纹的加工进给距离为 $W = L$（螺纹理论长度）$+ \delta_1 + \delta_2$，车削螺纹时一定要有切入段 δ_1 和切出段 δ_2，如图 8-4 所示。切入段 δ_1 和切出段 δ_2 的大小与进给系统的动态特性和螺纹精度有关，δ_1 不小于两倍导程，一般情况下，δ_1 的范围为 2~5mm，δ_2 不小于（1~1.5）倍导程，通常情况下，δ_2 的范围为 1.5~3mm。

7. 螺纹车削的进刀方法

（1）直进法　车削螺纹时，车刀沿横向（X

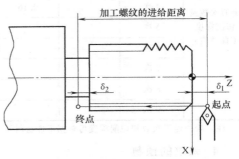

图 8-4　加工螺纹的切入段和切出段

方向）间歇进给至牙深处的进刀方法称为直进法，如图 8-5a 所示。采用这种方法加工螺纹时切削余量大，刀尖磨损严重，排屑困难，当进给量过大时容易产生扎刀现象。直进法适合于小导程的三角形螺纹的加工，一般采用 G32 或 G92 指令编程。

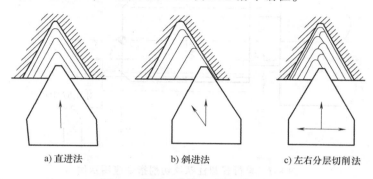

a) 直进法　　　　　　　b) 斜进法　　　　　　　c) 左右分层切削法

图 8-5　螺纹车削加工的进刀方法

（2）斜进法　车削螺纹时，车刀沿牙型角方向斜向间歇进给至牙深处的进刀方法称为斜进法，如图 8-5b 所示，每个行程中车刀除横向进给外，纵向也要做少量进给。采用这种方法加工螺纹时切削力减少，不容易产生扎刀现象，一般采用 G76 指令编程。这种方法适合车削加工较大螺距的螺纹。

（3）左右分层切削法　车削螺纹时，车刀沿牙型角方向交错间歇进给至牙深处的进刀方法称为左右分层切削法，如图 8-5c 所示。左右分层切削法实际上是直进法和左右切削法的综合应用。在车削加工较大螺距的螺纹时，左右分层切削法通常不是一次性就把牙槽切削出来，而是把牙槽分成若干层，转化成若干个较浅的牙槽进行加工，从而降低了加工难度。每一层的切削都采用先直进后左右的进刀方法，由于左右切削时槽深不变，刀具只需进行向左或向右的纵向进给即可。

8. 单行程螺纹切削指令（G32）

G32 指令既可以加工圆柱螺纹，也可以加工圆锥螺纹；还可以加工端面螺纹。

编程格式：G32　X(U)　Z(W)__　F__；

其中，X、Z 为车削加工螺纹段牙底的终点绝对坐标；U、W 为车削加工螺纹段的终点相对于循环起点的增量坐标；F 为螺纹导程，如果是单线螺纹，则为螺距值。

说明：

1）编程时应将切入段 δ_1、切出段 δ_2 加入到车削加工螺纹的程序段中。

2）对于圆锥螺纹的加工，当其斜角小于或等于 45°时，螺纹导程以 Z 方向指定；当其斜角大于 45°小于或等于 90°时，螺纹导程以 X 方向指定。

使用 G32 指令加工圆柱螺纹时每一次切削路径为进刀（AB）→切削（BC）→退刀（CD）→返回（DA），如图 8-6a 所示。

使用 G32 指令加工圆锥螺纹时，每一次切削加工路径如图 8-6b 所示。

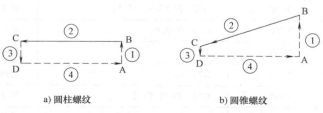

a) 圆柱螺纹　　　　　　　　b) 圆锥螺纹

图 8-6　单行程螺纹切削指令 G32 的切削路径

例 8-1 试利用 G32 指令，编写图 8-7 所示的 M30×1.5 的圆柱螺纹的加工程序。

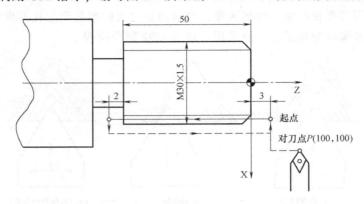

图 8-7 单行程圆柱螺纹切削指令应用示例

M30×1.5 的螺纹的螺距为 1.5mm，查表 8-1 可知，螺纹牙深为 0.974mm。螺纹切削分 4 次走刀，其各次切削深度（直径值）分别为 0.8mm、0.6mm、0.4mm、0.16mm。加工坐标系、对刀点、切入和切出距离如图 8-7 所示。设置所编零件螺纹加工程序名为 "O1301"，参考程序见表 8-2。

表 8-2　使用 G32 指令加工圆柱螺纹的参考程序（O1301）

程序段号	程序内容	程序说明
N10	G21　G40　G97　G99	程序初始化
N20	T0101　M03　S300;	选 1 号螺纹车刀,主轴正转,转速为 300r/min
N30	M08;	切削液打开
N40	G00　X35.0　Z3.0;	快速到达螺纹起点径向外侧
N50	X29.2;	切削深度为 0.8mm,（快速到达螺纹起点）
N60	G32　Z-52.0　F1.5;	第 1 刀车削加工螺纹
N70	G00　X35.0;	沿径向退出
N80	Z3.0;	快速回起刀点
N90	X28.6;	切削深度为 0.6mm
N100	G32　Z-52.0　F1.5;	第 2 刀车削加工螺纹
N110	G00　X35.0;	沿径向退出
N120	Z3.0;	快速回起刀点
N130	X28.2;	切削深度为 0.4mm
N140	G32　Z-52.0　F1.5;	第 3 刀车削加工螺纹
N150	G00　X35.0;	沿径向退出
N160	Z3.0;	快速回起刀点
N170	X28.04;	切削深度为 0.16mm
N180	G32　Z-52.F1.5;	第 4 刀车削螺纹
N190	G00　X100.0;	沿径向退出

（续）

程序段号	程序内容	程序说明
N200	Z100.0；	快速回换刀点
N210	M30；	程序结束

9. 螺纹单一固定切削循环指令（G92）

编程格式：G92　X（U）___　Z（W）___　R ___　F；

其中，X、Z 为车削加工螺纹段的终点绝对坐标；U、W 为车削加工螺纹段的终点相对于循环起点的增量坐标；R 为螺纹部分半径之差，即螺纹切削起点与切削终点的半径差，加工圆柱螺纹时，R=0；加工圆锥螺纹时，当 X 方向切削起点坐标小于切削终点坐标时，R 为负，反之为正；F 为螺纹的导程（单头为螺距）。

螺纹单一固定切削循环指令 G92 可以把一系列连续加工动作，例如"切入→切削→退刀→返回"，用一个循环指令完成，从而简化编程。如图 8-8 所示（图中 R 表示 G00 快速走刀，F 表示 G92 进给速度走刀），刀具切削螺纹运动过程为 1R→2F→3R→4R。

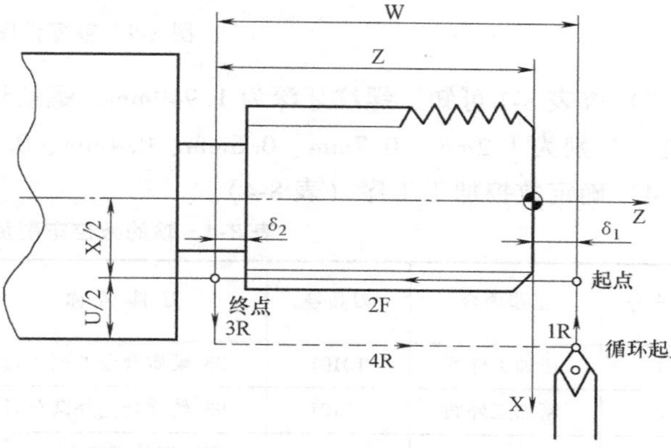

例 8-2　利用 G92 指令加工图 8-8 所示 M30×1.5 的圆柱螺纹。若切削用量不变，试编写其加工程序。

设置所编零件的数控加工程序名为"O1302"，参考程序见表 8-3。

图 8-8　圆柱螺纹单一固定切削循环指令（G92）应用示例

表 8-3　使用 G92 指令加工圆柱螺纹的参考程序（O1302）

程序段号	程序内容	程序说明
N10	G21　G40　G97　G99；	程序初始化
N20	T0101　M03　S300；	选 1 号螺纹车刀，主轴正转，转速为 300r/min
N30	M08；	切削液打开
N40	G00　X35.0　Z3.0；	快速到达螺纹起点径向外侧
N50	G92　X29.2　Z−52.0　F1.5；	切削深度为 0.8mm，第 1 刀车削螺纹
N60	X28.6；	切削深度为 0.6mm，第 2 刀车削螺纹
N70	X28.2；	切削深度为 0.4mm，第 3 刀车削螺纹
N80	X28.04；	切削深度为 0.16mm，第 4 刀车削螺纹
N90	G00　X100.0　Z100.0；	回换刀点
N100	M30；	程序结束

例 8-3　加工图 8-9 所示轴类零件。

1）工艺过程：粗、精加工外圆→切 4mm×4mm 退刀槽→车削 M40×3 的螺纹→切断。

2）选择刀具：T0101 外圆车刀；T0202 切槽、切断刀，刀宽为 4mm；T0303 螺纹车刀。

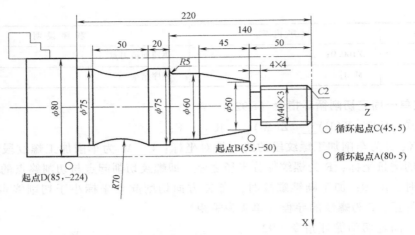

图 8-9 轴零件图

3）查表 8-1 可知，螺纹牙深为 1.949mm。螺纹切削分 7 次走刀，其各次切削深度（直径值）分别为 1.2mm、0.7mm、0.6mm、0.4mm、0.4mm、0.4mm、0.2mm。

4）确定数控加工工序（表 8-4）。

表 8-4　轴的数控车削加工工序

工步号	工步内容	刀具号	刀 具 名 称	主轴转速 $n/(r/min)$	进给量 $f/(mm/r)$	背吃刀量 a_p/mm
1	粗加工外圆	T0101	93°硬质合金外圆车刀	500	0.2	2.5
2	精加工外圆	T0101	93°硬质合金外圆车刀	600	0.1	0.25
3	切槽	T0202	高速钢外槽车刀	300	0.1	
4	车削螺纹	T0303	60°硬质合金三角螺纹车刀	300	3	
5	切断	T0202	高速钢外槽车刀	300	0.1	

5）设置所编零件的数控加工程序名为"O1304"，参考程序见表 8-5。

表 8-5　使用 G90、G92 指令加工轴的参考程序（O1304）

程 序 段 号	程 序 内 容	程 序 说 明
N10	G21 G40 G97 G99；	程序初始化
N20	T0101 M03 S500；	选 1 号外圆车刀
N30	G00 X80.0 Z5.0；	粗加工外圆柱循环起点
N40	G90 X75.5 Z-224.0 F0.2；	粗加工 ϕ75mm 外圆
N50	X70.0 Z-140.0；	粗加工 ϕ60mm 外圆
N60	X65.0 Z-135.0；	
N70	X60.5；	
N80	X55.0 Z-50.0；	粗加工 ϕ40mm 外圆
N90	X50.0；	
N100	X45.0；	
N110	X40.5；	

（续）

程序段号	程序内容	程序说明
N120	G00 X61. 0 Z-48. 0；	到达粗加工锥面循环起点
N130	G90 X60. 5 Z-95. 0 R-2. 5　F0. 2；	粗加工圆锥面
N140	R-5. 0；	
N150	G00 X60. 5 Z-92. 0；	
N160	G01 Z-135. 0 F0. 2；	
N170	G02 X70. 5 Z-140. 0 R5；	粗加工 R5 倒圆角
N180	G01 X75. 5；	
N190	G01 W-20. 0；	
N200	G02 X75. 5 W-50 R70；	粗加工 R70mm 圆
N210	G00 X80. 0 Z2. 0；	
N220	X36. 0；	
N230	G01 Z0. 0 F0. 1；	精加工各端面、外圆
N240	X39. 6 Z0. 0 Z-2. 0；	螺纹大径取 $\phi 39.6$mm
N250	Z-50. 0；	
N260	X50. 0；	
N270	X60. 0 W-45. 0；	
N280	Z-135. 0；	
N290	G02 X70. 0 Z-140. 0 R5. 0；	
N300	G01 X75. 0；	
N310	G01 W-20. 0；	
N320	G02 X75. 0 W-50. 0 R70. 0；	
N330	G01 Z-224. 0；	
N340	G00 X100. 0 Z100. 0；	回换刀点
N350	T0202 M03 S300；	选外槽车刀
N360	G00 X55. 0 Z-50. 0；	到达点 B
N370	G01 X32. 0 F0. 1 M08；	切槽
N380	G00 X100. 0 M09；	径向退刀
N390	Z100. 0；	回换刀点
N400	T0303 M03 S300；	选螺纹车刀
N410	G00 X45. 0 Z5. 0 M08；	到车削加工螺纹循环起点
N420	G92 X38. 8 Z-48. 0 F3；	切削深度为 1.2mm　第 1 刀车削螺纹
N430	X38. 1；	切削深度为 0.7mm　第 2 刀车削螺纹
N440	X37. 5；	切削深度为 0.6mm　第 3 刀车削螺纹
N450	X37. 1；	切削深度为 0.4mm　第 4 刀车削螺纹
N460	X36. 7；	切削深度为 0.4mm　第 5 刀车削螺纹
N470	X36. 3；	切削深度为 0.4mm　第 6 刀车削螺纹
N480	X36. 1；	切削深度为 0.2mm　第 7 刀车削螺纹

（续）

程序段号	程序内容	程序说明
N490	G00 X100.0 Z100.0 M09;	回换刀点
N500	T0202 M03 S300;	选外槽车刀
N510	G00 X85.0 Z-224.0;	到达点 D
N520	G01 X1.0 F0.1 M08;	切断,实际切到直径为 1mm
N530	G00 X85.0 M09;	径向退刀
N540	G00 X100.0 Z100.0;	回换刀点
N550	M05;	主轴停转
N560	M30;	程序结束

 任务实施

1. 工艺分析

（1）选择夹具　自定心卡盘。

（2）选择刀具　选择 T01 外圆车刀车削外圆及端面,选择 T02 外槽车刀（刀具宽度为 3mm）切槽、切断工件,选择 T03 螺纹车刀车削螺纹。

（3）选择量具　外径、长度选择游标卡尺进行测量,螺纹选择螺纹环规检测。

（4）加工工艺　首先粗、精加工外圆至尺寸,其次切槽至尺寸,然后车削螺纹,最后切断工件。

（5）选择切削用量　M16×1.5 的螺纹外圆表面切至 φ15.8mm;

查表 8-1 可知,螺纹切削深度为 0.975mm。螺纹切削分 4 次走刀,各次切削深度（直径值）分别为 0.8mm、0.6mm、0.4mm、0.16mm。

通过分析,零件数控加工卡片如表 8-6 所示。

表 8-6　圆柱螺纹轴数控加工工序卡

工步号	工步内容	主轴转速 $n/(\mathrm{r/min})$	背吃刀量 a_p/mm	进给量 $f/(\mathrm{mm/r})$	循环起点
1	粗加工外圆	500	2	0.2	(22,5)
2	精加工外圆	800	0.25	0.08	
3	切槽	400		0.08	(17,-25)
4	车削螺纹	300	0.8/2,0.5/2, 0.2/2,0.12/2	1.5	(17,-8)
5	切断	400		0.08	(20,-43)

2. 编制程序

设置零件在 FANUC 数控车床上的数控加工程序名为"O1306",此处采用 G92 指令编制螺纹加工程序,参考程序见表 8-7 所示。

表 8-7 圆柱螺纹轴数控车削加工参考程序（O1306）

程序段号	程序内容	程序说明
N10	G21 G40 G97 G99;	程序初始化
N20	T0101 M03 S500;	选外圆车刀
N30	G00 X22.0 Z2.0;	粗加工外圆循环起点,注:端面手动加工
N40	G71 U2.0 R1.0;	
N50	G71 P60 Q190 U0.5 F0.2;	
N60	G00 X4.0;	
N70	G01 Z0 F0.1;	
N80	G03 G42 X4.0 Z0 F0.1;	
N90	G01 Z-4.0;	
N100	G02 X12.0 Z-6.0 R2.0;	
N110	G01 Z-10.0;	用 G71 指令粗加工外圆
N120	X15.8 Z-12.0;	
N130	Z-25.0;	
N140	X16.0;	
N150	Z-30.0;	
N160	X17.0;	
N170	G03 X19.0 Z-31.0 R1.0;	
N180	G01 Z-44.0;	
N190	G40 X22.0;	回换刀点
N200	M05;	主轴停转
N210	M00;	暂停检测工件
N220	M03 S800 F0.08;	换 1 号刀,主轴正转,转速为800r/min
N230	G00 X22.0 Z5.0;	精加工外圆循环起点
N240	G70 P60 Q190;	精加工外圆
N250	G00 X100.0 Z100.0;	回换刀点
N260	T0202 M03 S400;	换外槽车刀
N270	G00 X17.0 Z-25.0;	定位至切槽起点
N280	G01 X12.0 F0.08;	切槽
N290	G04 P1000;	暂停
N300	G00 X17.0;	退出
N310	X100.0 Z100.0;	回换刀点
N320	T0303 M03 S300;	换螺纹车刀

（续）

程序段号	程序内容	程序说明
N330	G00　X17.0　Z-8.0;	到车削加工螺纹循环起点
N340	G92　X15.2　Z-23.0　F1.5;	切削深度为 0.8mm　第 1 刀车削螺纹
N350	X14.6;	切削深度为 0.6mm　第 2 刀车削螺纹
N360	X14.2;	切削深度为 0.4mm　第 3 刀车削螺纹
N370	X14.04;	切削深度为 0.16mm　第 4 刀车削螺纹
N380	G00　X100.0　Z100.0;	回换刀点
N390	T0202　M03　S400;	换 2 号刀,主轴正转,转速为 400r/min
N400	G00　X20.0　Z-43.0;	快速定位至切断点
N410	G01　X1.0　F0.08;	切断
N420	G00　X20.0;	退回
N430	G00　X100.0　Z100.0;	回换刀点
N440	M05;	主轴停转
N450	M30;	程序结束

任务二　螺纹套的加工

任务描述

完成图 8-10 所示 M36 螺纹套的加工，毛坯为 φ55mm×105mm 棒料，材料为 45 钢。

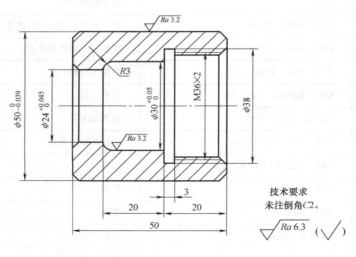

图 8-10　螺纹套零件图

知识准备

1. 内螺纹尺寸计算

（1）内螺纹的小径　内螺纹的小径即顶径，车削三角内螺纹时，考虑螺纹的公差要求和螺纹切削过程中对小径的挤压作用，车削内螺纹前的孔径（即实际小径 $D_{1'}$）要比内螺纹小径 D_1 略大一些，可采用下列近似公式计算：

车削塑性金属的内螺纹的编程小径　$D_{1'} \approx D_1 - P$；

车削脆性金属的内螺纹的编程小径　$D_{1'} \approx D_1 - 1.05P$。

（2）螺纹底孔　螺纹底孔的加工理论值为 $D_{小} = D_{公称} - 1.3P - (0.05 \sim 0.2)$，但在实际加工中一般应用实际经验值。

（3）内螺纹的中径　在数控车床上，内螺纹的中径是通过控制螺纹的削平高度（由螺纹车刀的刀尖体现）、牙型高度、牙型角和大径来综合控制的。

（4）螺纹总切深　内螺纹加工中的螺纹总切深的取值与外螺纹加工相同。

2. 内螺纹车刀

在数控加工中，常用机夹式内螺纹车刀。内螺纹的车削方法与外螺纹的加工方法基本相同，编程所用的指令也相同，但进、退刀方向相反。车削内螺纹时，由于内螺纹车刀的大小受内螺纹底孔直径的限制，所以会有刀杆细、刚性差、切屑不易排出、切屑液不易注入及不便观察等问题，因此，车削内螺纹要比车削外螺纹要难一些。一般内螺纹车刀刀体的径向尺寸应至少比底孔直径小 3~5mm，否则退刀时易碰伤螺纹牙顶。

装夹内螺纹车刀时，应使刀尖对准工件中心，同时使两刃夹角中线垂直于工件轴线。在实际操作中，必须严格按样板找正刀尖。刀杆伸出长度应略大于螺纹长度，刀装好后应在孔内移动刀架至终点检查是否会发生碰撞。

3. 螺纹切削复合循环指令（G76）

使用螺纹切削复合循环指令 G76 编程指令时，数控加工程序中只需指定一次，并在指令中定义好有关参数，则能自动进行加工。车削过程中，除第一次背吃刀量外，其余各次背吃刀量自动计算。

编程格式：G76　P（m）（r）（α）　Q（Δd_{min}）　R（d）；

G76　X（U）__ Z（W）__ R（i）P（k）Q（Δd）F（L）；

其中，m 为精加工重复次数（取值范围为 01~99），一般取 1~2 次。用两位数表示，该参数为模态值；r 为螺纹尾端倒角量，当导程由 L 表示时，该值设定范围为 (0.0~9.9) L，单位为 0.1L。用两位整数（00~99）来表示，例如取 12，实为 1.2L mm，该参数为模态值。α 为刀尖角度，可以在 80°、60°、55°、30°、29°、0° 六个角度中选择，用两位整数表示，该参数为模态值；m、r、α 可用地址字一次指定，例如当 m = 2，r = 1.2P，α = 60° 时，可写作：P021260，Δd_{min} 为最小切削深度，用半径值指定，单位为 μm。车削加工过程中每次的切削深度为 $(\Delta d \sqrt{n} - \Delta d \sqrt{n-1})$，当计算值小于此极限值时，切削深度锁定为该值，该参数为模态值；d 为精加工余量，用半径值指定，单位为 μm，该参数为模态值；X（U）、Z（W）是螺纹终点绝对坐标或增量坐标；i 为螺纹锥度值，用半径值指定，如果 i = 0 则为圆柱螺纹，可省略；k 为螺纹牙型高度，用半径值指定，单位为 μm；Δd 为第一次车削加工的切削深度，用半径值指定，单位为 μm；L 为螺纹的导程，如果是单线螺纹，则该值为螺距。

说明：

1）螺纹切削复合循环指令 G76 的运动轨迹如图 8-11 所示。以圆锥外螺纹为例，刀具从循环起点 A，以 G00 方式沿 X 方向进给至螺纹牙顶 X 坐标处（点 B，该点的 X 坐标=小径+2k），然后沿与基本牙型一侧平行的方向进给，如图 8-12 所示，X 方向的切削深度为 Δd，再以螺纹切削方式切削至 Z 方向终止距离为 r 处，倒角退刀至点 E 的 Z 向坐标，再沿 X 方向退刀至点 E，最后返回点 A，准备第二刀切削循环。如此分多刀切削循环，直到循环结束。

2）第一刀切削循环时，切削深度为 Δd，如图 8-11 所示，第 n 刀的切削深度为 $(\Delta d\sqrt{n}-\Delta d\sqrt{n-1})$。因此，执行 G76 指令的切削深度是逐步递减的。G76 指令的进刀方式是螺纹车刀向深度方向并沿与基本牙型一侧平行的方向进刀，从而保证在螺纹粗加工过程中始终用一个切削刃进行切削，减小了切削阻力，提高了刀具寿命，为螺纹的精加工提供了质量保证。

3）G76 指令可用于车削内螺纹。如图 8-11 所示，点 C 和点 D 之间的进给速度由地址字 F 指定，而其他轨迹则是快速移动。

U、W 值的正负由刀具轨迹 AC 和 CD 的方向决定；

R 值的正负由刀具轨迹 AC 的方向决定；

P、Q 值总为正。

G76 指令切削深度示意如图 8-12 所示。

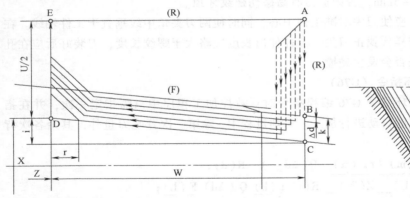

图 8-11 螺纹切削复合循环指令 G76 的运动轨迹

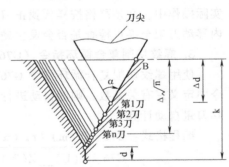

图 8-12 螺纹切削复合循环指令 G76 切削深度示意图

4）在螺纹切削过程中应用进给暂停指令时，刀具返回到该时刻的循环的起点（Δd_n 切入位置），如图 8-13 所示。

5）在螺纹切削复循环（G76）加工中，当按下进给暂停按钮时，如同在螺纹切削循环终点的倒角一样，刀具立即快速退回。刀具返回到循环起点。当按下循环启动按钮时，螺纹切削循环恢复。因此，当将螺纹切削循环的起点设定在工件附近时，返回时刀具与工件之间可能会发生干扰。为了避免干扰，请将螺纹切削循环的起点设定在距离螺纹牙顶（螺纹牙的高度）以上的位置。

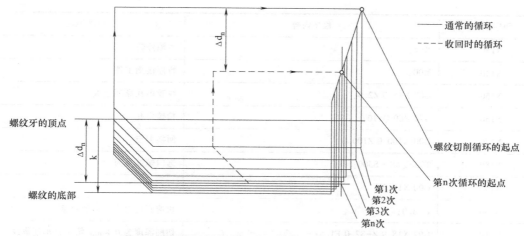

图 8-13 螺纹切削复循环进给暂停时刀具返回的循环点

例 8-4 图 8-14 所示为内螺纹零件图，试用螺纹切削循环指令 G92 编制内孔及内螺纹表面的加工程序。

1）选择刀具 选择 T01 刀具为内孔镗刀，T02 刀具为内螺纹车刀，T03 刀具为 $\phi16$ mm 钻头。

2）相关计算。螺纹螺距 P 为 1.5mm，查表 8-1 可知，螺纹牙深为 0.974mm，螺纹切削分 4 次走刀，各次切削深度（直径值）分别为 0.8mm、0.6mm、0.4mm、0.16mm。

3）设置所编零件的加工程序名为 "O1410"，参考程序见表 8-8。

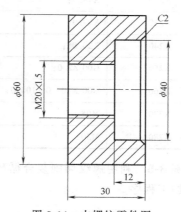

图 8-14 内螺纹零件图

表 8-8 内螺纹零件数控加工参考程序 （O1410）

程序段号	程序内容	程序说明
N10	G99 G00 X100.0 Z100.0;	刀具到达换刀点
N20	T0101 M03 S500;	选内孔镗刀
N30	G00 X15.0 Z2.0;	粗镗内孔循环起点
N40	G71 U1.0 R1.0;	粗镗内孔
N50	G71 P60 Q110 U−0.6 F0.2;	
N60	G00 X44.0;	
N70	G01 Z0 F0.1;	
N80	X40.0 Z−2.0;	
N90	Z−12.0;	
N100	X18.38;	
N110	Z−31.0;	
N120	G00 X100.0 Z100.0;	回换刀点

（续）

程序段号	程序内容	程序说明
N130	M05；	主轴停转
N140	M00；	暂停检测工件
N150	G00 X15.0 Z2.0；	精镗内孔循环起点
N160	G70 P60 Q110；	精镗内孔
N170	G00 X100.0 Z100.0；	回换刀点
N180	T0202 M03 S300；	选内螺纹车刀
N190	G00 X18.0 ；	
N200	Z-8.0；	快速到达内螺纹切削起点
N210	G92 X18.9 Z-32.0 F1.5；	切削深度为0.8mm，第1刀车削螺纹
N220	X19.5；	切削深度为0.6mm，第2刀车削螺纹
N230	X19.9；	切削深度为0.4mm，第3刀车削螺纹
N240	X20.06；	切削深度为0.16 mm，第4刀车削螺纹
N250	G00 Z2.0；	轴向退刀
N260	G00 X100.0 Z100.0；	回换刀点
N270	M05；	主轴停转
N280	M30；	程序结束

例8-5 利用螺纹切削复合循环指令 G76 加工图 8-15 所示的 M42×4 的圆柱螺纹，试编写其加工程序。

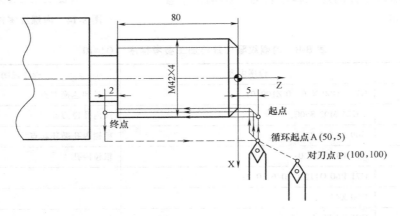

图 8-15　使用 G76 指令加工圆柱螺纹编程示例

分析： M42×4 螺纹的螺距为 4 mm，查表 8-1 可知，螺纹牙深为 2.598mm，所以螺纹小径为 42mm−2×2.598mm＝36.804mm，螺纹加工分九次走刀，各次切削深度分别为 1.5mm、0.7mm、0.6mm、0.5mm、0.4mm、0.2mm、0.2mm、0.2mm、0.13mm。设置该圆柱螺纹零件的螺纹加工程序名为"O1500"，部分参考程序见表 8-9。

表 8-9　使用 G76 指令加工圆柱螺纹的参考程序 (O1500)

程序段号	程序内容	程序说明
N10	G00　X100.0　Z100.0;	刀具到达换刀点
N20	T0101　M03　S200;	选螺纹车刀
N30	G00　X50.0　Z5.0　M08;	快速到达螺纹起点径向外侧
N40	G76　P020060　Q200　R100;	车削螺纹
N50	G76　X36.8　Z-82.0　R0　P2598　Q1500　F4;	G76 指令加工螺纹, R0 可省
N60	G00　X100　Z100;	回换刀点
N70	M30;	程序结束

例 8-6　加工图 8-16 所示零件，毛坯为 ϕ32mm 棒料，材料为 45 钢。

1）选择刀具。选择 T0101 外圆车刀；T0202 外槽车刀（刀宽为 4mm）；T0404ϕ16mm 麻花钻；T0505 内孔车刀；T0707 内螺纹车刀。

2）加工顺序。

T0101 外圆车刀粗、精加工外轮廓；T0404ϕ16mm 麻花钻钻 ϕ16mm 内孔；T0505 内孔车刀加工 M20 螺纹底孔至尺寸；T0707 内螺纹车刀加工 M20 螺纹至尺寸；T0202 外槽车刀切断工件。

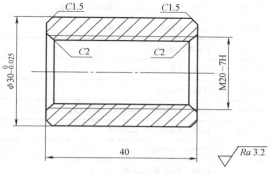

图 8-16　内螺纹零件编程实例

3）相关计算。

① 加工外轮廓时，粗加工时每次切削深度取 1.5～2mm，主轴转速为 800r/min，进给量取 0.15～0.2mm/r，预留径向精加工余量为 0.5～1mm；精加工时，主轴转速为 1500r/min，进给量取 0.05～0.1mm/r。

② 钻孔时，主轴转速为 400r/min，进给量为 0.1～0.2mm/r，为了断屑和提高孔的质量，可设定每钻 3～5mm 退一下刀。

③ 车削加工孔。粗加工时每次切削深度取 1～1.5mm，主轴转速为 800r/min，进给量取 0.15～0.2mm/r，预留径向精加工余量为 0.5～1mm；精加工时，主轴转速为 1200r/min，进给量取 0.05～0.1mm/r。

④ 车削加工 M20 内螺纹时，主轴转速为 500r/min，进给量为 2.5mm/r（M20 普通粗牙螺纹，螺距为 2.5mm）。

⑤ 切断工件时主轴转速为 300r/min，进给量取 0.05～0.1mm/r。

4）参考程序见表 8-10。

表 8-10　内螺纹数控车削参考程序

程序段号	程序内容	程序说明
N10	G97　G99　G21　G40;	程序初始化
N20	G00　G28　U0　W0;	快速定位至换刀参考点(机械原点)
N30	T0101;	换 1 号外圆车刀，选择 1 号刀具补偿
N40	S800　M03;	主轴正转，转速为 800r/min

（续）

程序段号	程序内容	程序说明
N50	G00　X100.0　Z100.0　M08;	刀具到目测安全位置
N60	X33.0　Z2.0;	切削循环起点,毛坯直径为φ32mm
N70	G71　U1.5　R1.0;	毛坯外轮廓切削循环,注:端面手动加工
N80	G71　P90　Q120　U0.5　W0　F0.15;	
N90	G00　X27.0;	精加工外轮廓描述
N100	G01　Z0;	
N110	X30.0　Z-1.5;	
N120	G01　Z-45.0;	
N130	G70　P90　Q120　S1500　F0.08;	精加工外轮廓
N140	G00　X200.0　Z200.0;	换φ16mm麻花钻
N150	T0404　S400;	
N160	G00　X0　Z3.0;	刀具定位
N170	G74　R2.0;	钻φ16mm底孔
N180	G74　Z-50.0　Q4000　F0.15;	
N190	G00　X200.0　Z200.0;	换内孔车刀
N200	T0505　S800;	
N210	G00　X16.0　Z3.0;	刀具定位
N220	G71　U1.0　R1.0;	工件内轮廓切削循环,注意精加工余量为负值
N230	G71　P240　Q270　U-0.5　W0　F0.15;	
N240	G00　X21.5;	精加工内轮廓描述
N250	G01　Z0;	
N260	X17.5　Z-2.0;	
N270	Z-44.0;	
N280	G70　P240　Q270　S1200　F0.1;	精加工内轮廓
N290	G00　X200.0　Z200.0;	换内螺纹车刀
N300	T0707　S500;	
N310	G00　X16.0　Z4.0;	刀具定位
N320	G76　P020560　Q100　R-0.05;	车削加工M20内螺纹,注意精加工余量为负值
N330	G76　X20.0　Z-41.0　P1625　Q500　F2.5;	
N340	G00　X200.0　Z200.0;	换外槽车刀
N350	T0202　S300;	
N360	G00　X30.0　Z-44.0;	刀具定位,刀宽为4mm
N370	G01　X16.0　F0.05;	切断
N380	G00　X100.0;	程序结束部分
N390	Z100.0;	
N400	M05　M09;	
N410	M30;	

任务实施

1. 工艺分析

（1）技术要求分析　零件的加工包括端面、内外圆柱面、内圆角、倒角、内沟槽、内螺纹、切断等。零件材料为 45 钢，无热处理和硬度要求。

（2）确定装夹方案　由于毛坯为棒料，用自定心卡盘夹紧定位。

2. 制订加工方案

零件数控加工工序和数控加工刀具卡见表 8-11 和表 8-12。

表 8-11　螺纹套数控加工工序卡

工步号	工步内容（进给路线）	主轴转速 $n/(r/min)$	进给量 $f/(mm/r)$	背吃刀量 a_p/mm
主程序 1	夹住棒料一头,工件伸出长度约为 70mm(手动操作),调用主程序 1 加工			
1	车削加工端面	500	0.1	
2	手动钻孔	400		
3	粗加工外圆表面	500	0.2	1.5
4	精加工外圆表面	900	0.1	0.25
5	自右向左粗镗内表面	500	0.15	0.8
6	自右向左精镗内表面	900	0.08	0.2
7	切内沟槽	300	0.08	
8	切内螺纹	300	2	
9	切断	300	0.1	
主程序 2	掉头装夹,垫铜皮夹持 $\phi50mm$ 外圆,找正夹牢,调用主程序 2 加工			
10	车削加工端面、倒角	500	0.1	
11	车削加工孔口倒角	500	0.1	

表 8-12　螺纹套数控加工刀具卡

序号	刀具号	刀具名称及规格	刀具材料	刀位点	加工表面
1	T0101	93°外圆车刀	YT15	刀尖点	端面
2	T0202	内孔镗刀	YT15	刀尖点	内孔
3	T0303	宽 3mm 的内槽车刀	W18Cr4V	左尖点	内沟槽
4	T0404	60°内螺纹车刀	W18Cr4V	刀尖点	内螺纹
5	T0505	切断刀	W18Cr4V	左尖点	切断
6	T0606	$\phi20mm$ 钻头		刀尖点	钻孔

3. 数值计算

1）设定程序原点，以工件右端面与轴线的交点为程序原点建立工件坐标系。

2）计算各基点位置坐标。

3）螺距 $P = 2mm$，车削螺纹前的底孔直径为 36mm−2mm = 34mm。

4）螺纹牙深为 1.299mm。螺纹切削分 5 次走刀，各次切削深度（直径值）分别为

0.9mm、0.6mm、0.6mm、0.4mm、0.1mm。

4. 编制程序

设置零件右端外圆、内孔表面在 FANUC 数控车床上加工的程序名为"O1420"，参考程序见表 8-13；零件左端加工程序名为"O1430"，参考程序见表 8-14。

表 8-13　螺纹套右端外圆、内孔数控加工参考程序（O1420）

程序段号	程序内容	程序说明
N10	G00 X100.0 Z100.0;	刀具到达换刀点
N20	T0101 M03 S500;	选外圆车刀
N30	G00 X56.0 Z2.0;	
N40	G90 X52.0 Z-53.0 F0.2;	粗加工外圆
N50	X50.5;	
N60	G00 X46.0 Z2.0;	精加工外圆及倒角
N70	G01 Z0 F0.1;	
N80	G01 X50.0 Z-2.0 F0.1;	
N90	Z-50.0;	
N100	G00 X100.0 Z100.0;	回换刀点
N110	M03 S500 T0202;	选内孔镗刀
N120	G00 X18.0 Z2.0;	粗镗循环起点
N130	G71 U0.8 R1;	粗镗内表面
N140	G71 P150 Q230 U-0.4 W0.2 F0.15;	
N150	G00 X38.0;	
N160	G01 Z0 F0.08;	
N170	X34.0 Z-2.0;	
N180	Z-20.0;	
N190	X30.0;	
N200	Z-37.0;	
N210	G03 X24.0 W-3.0 R3.0;	
N220	G01 Z-53.0;	
N230	G00 X100.0 Z100.0;	回换刀点
N240	M05;	主轴停转
N250	M00;	暂停检测工件
N260	M03 S900;	
N270	G00 X18.0 Z2.0;	精镗循环起点
N280	G70 P150 Q230 F0.08;	精镗内表面
N290	G00 X100.0 Z100.0;	回换刀点
N300	M03 S300 T0303;	换内槽车刀
N310	G00 X28.0 Z2.0;	切内槽
N320	Z-20.0;	

（续）

程序段号	程序内容	程序说明
N330	G01 X38.0 F0.08；	
N340	G04 X0.5；	暂停0.5s
N350	G00 X28.0；	
N360	Z2.0；	
N370	G00 X100.0 Z100.0；	回换刀点
N380	M03 S300 T0404	换内螺纹车刀
N390	G00 X30.0 Z5.0；	到达内螺纹切削起点
N400	G92 X34.3 Z-18.0 F2.0；	切削深度为0.9mm,第1刀车削螺纹
N410	X34.9；	切削深度为0.6mm,第2刀车削螺纹
N420	X35.5；	切削深度为0.6mm,第3刀车削螺纹
N430	X35.9；	切削深度为0.4mm,第4刀车削螺纹
N440	X36.0；	切削深度为0.1mm,第5刀车削螺纹
N450	G00 X100.0 Z100.0；	回换刀点
N460	M05；	主轴停转
N470	M30；	程序结束

表8-14　螺纹套左端数控加工参考程序（O1430）

程序段号	程序内容	程序说明
N10	G00 X100.0 Z100.0；	刀具到达换刀点
N20	T0101 M03 S500；	选外圆车刀
N30	G00 X22.0 Z2.0；	
N40	G01 Z0 F0.1；	
N50	X46.0；	
N60	X52.0 Z-3.0；	
N70	G00 X100.0 Z100.0；	回换刀点
N80	T0202 M03 S500；	选内孔镗刀
N90	G00 X28.0 Z2.0；	镗内孔倒角
N100	G01 Z0 F0.1；	
N110	X23.0 Z-2.5；	
N120	G00 Z100.0；	轴向退刀
N130	X100.0；	回换刀点
N140	M05；	主轴停转
N150	M30；	程序结束

5. 检测与评分

将任务完成情况的检测与评分填入表8-15中。

表 8-15　螺纹套检测与评分表

班级				姓名			学号	
项目名称			螺纹套			零件图号		
		序号	检测内容		配分	学生自评		教师评分
基本检查	编程	1	加工工艺路线制订正确		5			
		2	切削用量选择合理		5			
		3	程序正确		5			
	操作	4	设备操作、维护、保养正确		5			
		5	安全、文明生产		5			
		6	刀具选择、安装正确规范		5			
		7	工件找正、安装正确规范		5			
工作态度		8	纪律表现		5			
外圆		9	$\phi 50_{-0.039}^{0}$ mm	IT	7			
				$Ra3.2\mu m$	3			
内孔		10	$\phi 24_{0}^{+0.045}$ mm	IT	7			
				$Ra6.3\mu m$	2			
		11	$\phi 30_{0}^{+0.05}$ mm	IT	7			
				$Ra3.2\mu m$	3			
内槽		12	$\phi 38mm \times 3mm$	IT	2			
				$Ra6.3\mu m$	2			
内螺纹		13	$M36 \times 2$	IT	8			
				$Ra6.3\mu m$	3			
长度		14	50mm		4			
		15	20mm（2 处）		4			
倒角		16	$C2$（4 处）		8			
综合得分					100			

任务三　梯形螺纹轴的加工

 任务描述

加工图 8-17 所示的梯形螺纹轴，毛坯尺寸为 $\Phi 40mm \times 95mm$，材料为 45 钢。

 知识准备

1. 梯形螺纹概念

牙型为等腰梯形的螺纹称为梯形螺纹。米制梯形螺纹的牙型角为 30°（寸制梯形螺纹的

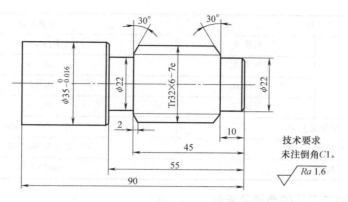

图 8-17　梯形螺纹轴加工实例图

牙型角为 29°），内、外梯形螺纹配合时侧面贴紧不松动，传动精度高，因此梯形螺纹常用于传动。

2. 梯形螺纹主要参数计算

梯形螺纹的代号用字母 "Tr 公称直径×螺距" 表示，单位均为 mm，例如 Tr42×6-7e 等。梯形螺纹的牙型如图 8-18 所示，主要参数的计算公式见表 8-16。

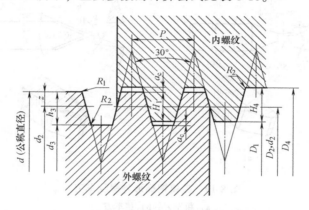

图 8-18　梯形螺纹牙型图

表 8-16　梯形螺纹基本要素计算公式

名称		计算公式			
牙型角 α		$\alpha=30°$			
螺距 P		由螺纹标准确定			
		P/mm	1.5~5	6~12	14~44
牙顶间隙 a_c		a_c/mm	0.25	0.5	1
外螺纹	大径 d	公称直径			
	中径 d_2	$d_2=d-0.5P$			
	小径 d_3	$d_3=d-2h_3$			
	牙深 h_3	$h_3=0.5P+a_c$			

（续）

名称		计算公式
内螺纹	大径 D_4	$D_4 = d + 2a_c$
	中径 D_2	$D_2 = d_2$
	小径 D_1	$D_1 = d - P$
	牙深 H_4	$H_4 = h_3$
牙顶宽 f, f'		$f = f' = 0.366P$
牙底宽 W, W'		$W = W' = 0.366P - 0.536a_c$
螺纹升角		$\tan\phi = P/\pi d_2$

3. 梯形螺纹加工刀具的选择及安装

（1）梯形螺纹刀具的选择 梯形螺纹车刀与普通螺纹车刀一样都是机械夹固式可转位车刀，梯形螺纹车刀外形和机夹刀片，如图 8-19 所示。车削加工较大螺距的梯形螺纹时一般用手工刃磨的高速车刀。

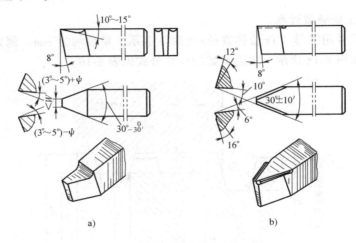

图 8-19　高速钢梯形外螺纹车刀

a）粗车刀　b）精车刀

（2）刀尖宽度尺寸 牙型角为 30°的梯形螺纹车刀刀尖宽度尺寸：

$$刀尖宽度（牙底宽）= 0.366 \times 螺距 - 0.536 \times 牙顶间隙$$

（3）安装梯形螺纹车刀的注意事项

1）车刀主切削刃中心必须与工件旋转中心等高，同时应和工件轴线平行。

2）刀头的角平分线要垂直于工件的轴线，用对刀样板或游标万能角度尺找正。

4. 车削加工梯形螺纹的方法

可采用直进法、斜进法和左右切削法加工梯形螺纹，也可以采用刀具 Z 向偏置精加工法加工梯形螺纹。在梯形螺纹的实际加工中，通过一次 G76 循环指令斜进法切削螺纹时，无法精确控制螺纹中径和牙侧的表面粗糙度要求。为此在粗加工完螺纹后，可采用刀具 Z 向偏置后再进行一次 G76 循环指令或 G92 循环指令加工梯形螺纹，以达到要求，同时为减少空刀，精修牙侧，可将 G76 指令中第一次切削深度 Δd 改为螺纹高度 h，这样螺纹第一刀就直接进给到牙底,进行精修牙侧。刀具 Z 向的偏置量必须经过精确计算,Z 向偏置的计算方法可以从图 8-20 推出。

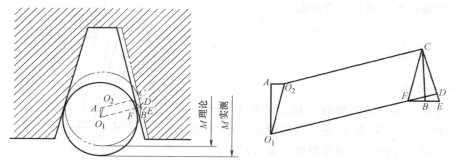

图 8-20 刀具 Z 向偏置量

5. 梯形螺纹的测量

(1)梯形螺纹牙型角的测量 梯形螺纹牙型角可以用游标万能角度尺进行测量,其测量方法如图 8-21 所示。

(2)梯形螺纹中径的测量

1)三针法。用三根量针测量螺纹中径是一种比较精密的测量方法。测量时将三根量针放置在螺纹两侧相对应的螺旋槽内,用外径千分尺量出两量针顶点之间的距离 M,如图 8-22 所示。根据 M 值可能计算出螺纹中径的实际尺寸。用三针法测量梯形螺纹中径时,M 值和中径 d_2 的计算关系见表 8-17。

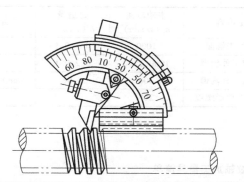

图 8-21 用游标万能角度尺测量梯形螺纹的牙型角

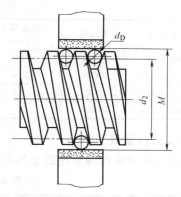

图 8-22 三针法测量螺纹中径

表 8-17 三针法测量螺纹中径 d_2 的计算公式

螺纹	牙型角 α	M 值计算公式	量针直径 d_D		
			最大值	最佳值	最小值
梯形螺纹	30°	$M = d_2 + 4.864d_D - 1.866P$	$0.656P$	$0.518P$	$0.486P$

2)单针法。单针法是用一根量针测量梯形螺纹中径的方法,如图 8-23 所示,这种方法比三针法简单。测量时只需用一根量针,另一侧利用螺纹大径作基准,在测量前应先量出螺纹大径的实际尺寸 d_0,其原理与三针测量法相同。

单针测量时,外径千分尺测得的读数可按下式计算:

$$A = (M + d_0)/2$$

3）梯形螺纹的综合检验。梯形螺纹也可以像普通螺纹那样采用螺纹量规进行综合检验。

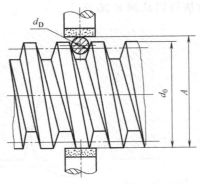

图 8-23　单针法测量梯形螺纹中径

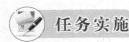**任务实施**

1. 分析零件图

根据零件图可知，梯形螺纹中径尺寸要求较严，公称直径为 $\phi32\text{mm}$，螺距为 6mm。零件没有几何公差要求，尺寸精度要求较严，表面粗糙度值要求较小。

2. 工艺分析

1）零件中的梯形螺纹由于螺距较大，需切削较深，不能采用直进法 G92 指令编程加工，应采用斜进法用 G76 指令进行编程加工。

2）零件应先加工左端外圆，然后夹住 $\phi35\text{mm}$ 外圆，用 G71 指令加工右端外轮廓和用 G76 指令加工梯形螺纹。

3）每次装夹加工都应将工件坐标系的原点设定在其装夹后的工件右端面中心上。工件加工程序换刀点设在（X100.0，Z100.0）的位置上。

3. 选择刀具及工件装夹方法

刀具及切削用量的选择见表 8-18，工件使用自定心卡盘进行定位与装夹。

表 8-18　梯形螺纹轴加工刀具卡

刀具名称	刀具号	刀尖圆弧半径 /mm	加工内容	主轴转速 $n/(\text{r}/\text{min})$	进给量 $f/(\text{mm}/\text{r})$	备注
端面车刀	T0101	0.4	车削加工端面	1000	0.3，0.1	
93°外圆车刀	T0202	0.4	车削加工外轮廓	1000，1200	0.2，0.1	
外槽车刀	T0303	0.1	车削加工外沟槽	400	0.08	5mm×12mm
30°梯形螺纹车刀	T0404		车削加工梯形螺纹	200		

4. 选择量具

加工梯形螺纹轴使用的量具见表 8-19。

表 8-19　梯形螺纹轴加工量具清单

序号	名称	规格	分度值	数量	备注
1	游标卡尺	0～150mm	0.02mm	1	
2	游标深度尺	0～200mm	0.02mm	1	
3	外径千分尺	$\phi25\sim\phi50\text{mm}$	0.01mm	1	
4	公法线千分尺	$\phi25\sim\phi50\text{mm}$	0.01mm	1	
5	量针	$\phi3.1\text{mm}$	0.01mm	3 支	

5. 梯形螺纹相关尺寸计算

梯形螺纹的大径：$d = 32\text{mm}$，公差查表为 $\phi32^{-0.03}_{-0.075}\text{mm}$

梯形螺纹的中径：$d_2 = d - 0.5P = 29\text{mm}$，公差查表为 $\phi29^{-0.04}_{-0.061}\text{mm}$

梯形螺纹总切削深度：$h_3 = 0.5P + a_c = 3.5\text{mm}$

梯形螺纹的小径：$d_3 = d - 2h_3 = 25\text{mm}$，公差查表为 $\phi 25_{-0.061}^{-0.04}\text{mm}$

梯形螺纹的牙顶宽：$f = 0.366P = 2.196\text{mm}$

梯形螺纹的牙底宽：$W = 0.366P - 0.536a_c = 1.928\text{mm}$

梯形螺纹三针测量值 $M = d_2 + 4.864d_D - 1.866P = 32.88\text{mm}$

6. 编制程序

设置工件左端轮廓表面加工程序名为"O1510"，参考程序见表 8-20；工件右端轮廓及外沟槽和梯形螺纹加工程序名为"O1540"，参考程序见表 8-21。

表 8-20　梯形螺纹轴数控加工参考程序（O1510）

程序段号	程序内容	程序说明
N10	G21　G97　G97　G40；	程序初始化
N20	T0202　M03　S1000；	主轴正转，转速为 1000r/min，选择 2 号 93°外圆车刀
N30	G00　X42.0　Z2.0；	快速定位至 $\phi 42$mm 直径处，距端面正向 2mm
N40	G90　X35.5　Z-37.0　F0.2；	用 G90 循环指令车削加工工件左端外圆
N50	X35.0　F0.1；	
N60	G00　X100.0　Z100.0　M05；	回换刀点，停主轴转
N70	M30；	程序结束

表 8-21　梯形螺纹轴数控加工参考程序（O1540）

程序段号	程序内容	程序说明
N10	G21　G97　G99　G40；	程序初始化
N20	T0101　M03　S1000；	主轴正转，转速为 1000r/min，选择 1 号端面车刀
N30	G00　X42.0　Z5.0　M08；	快速定位至 $\phi 42$mm 直径处，距端面正向 5mm
N40	G94　X0.0　Z3.0　F0.3；	用 G94 指令控制轴长
N50	Z1.0；	
N60	Z0　F0.1；	
N70	G00　X100.0　Z100.0；	回换刀点
N80	T0202　S1000；	选择 2 号外圆车刀
N90	G00　X42.0　Z2.0；	快速定位至端面 $\phi 42$mm 直径处，距端面正向 2mm
N100	G71　U2.0　R0.5；	用 G71 指令车削工件右端外轮廓
N110	G71　P120　Q210　U0.5　W0.1　F0.2；	
N120	G00　X20.0；	
N130	G01　Z0　S1200　F0.1；	
N140	X22.0　Z-1.0；	
N150	Z-10.0；	
N160	X24.0；	
N170	X31.8　Z-12.0；	右端外轮廓精加工
N180	Z-55.0；	
N190	X33.0；	
N200	X35.0　Z-56.0；	
N210	X40.0；	

（续）

程序段号	程序内容	程序说明
N220	G70 P120 Q210;	G70 精加工指令
N230	G00 X100.0 Z100.0;	回换刀点
N240	T0303 S400;	主轴正转,转速为 400r/min,选择 3 号外槽车刀
N250	G00 X34.0 Z-50.0;	快速定位至退刀槽循环起点
N260	G75 R0.5;	G75 循环指令加工退刀槽
N270	G75 X22.0 Z-55.0 P2500 Q4000 F0.08;	
N280	G01 X31.8 Z-48.0;	15°倒角
N290	X24.0 Z-50.0;	
N300	G00 X100.0;	回换刀点
N310	Z100.0;	
N320	T0404 S200;	主轴正转,转速为 200r/min,选择 4 号 30°梯形螺纹车刀
N330	G00 X34.0 Z2.0;	快速定位至梯形螺纹循环起点
N340	G76 P020560 Q50 R50;	G76 指令加工梯形螺纹
N350	G76 X25.0 Z-50.0 P3500 Q500 F6.0;	
N360	G00 X100.0 Z100.0 M05;	回换刀点,停主轴转
N370	M30;	程序结束

车削梯形螺纹时，需要注意以下几点：

1）加工较大螺距的梯形螺纹时，应选用合适的主轴转速，否则机床进给会丢步，出现乱牙现象。

2）由于螺纹升角的影响，在刃磨梯形螺纹车刀时，顺进给方向应加上一个螺纹升角，背进给方向应减少一个螺纹升角。

3）分清楚 G76 指令中各参数的含义和各参数的单位。

4）编制梯形螺纹加工程序时，应分粗、精加工，编制精加工程序时应注意各参数的调整。

5）车削梯形螺纹时，若使用机夹车刀，则中途可以换刀；若使用手磨车刀，则中途不能换刀（刀尖起点发生变化，无法重新对刀）。

巩固与提高

一、选择题

1. 在 FANUC 数控系统中，G92 是（　　）指令。

A. 绝对坐标　　　　　B. 外圆循环　　　　　C. 螺纹循环　　　　　D. 相对坐标

2. 在 FANUC 数控系统中，（　　）指令是螺纹切削复合循环指令。

A. G73　　　　　　　B. G74　　　　　　　C. G75　　　　　　　D. G76

3. 在程序段 "G92　X52　Z-100　I3.5　F3;" 中，I3.5 的含义是（　　）。

A. 进刀量　　　　　　　　　　　　　　B. 锥螺纹大、小端的直径差

C. 锥螺纹大、小端的直径差的一半　　　　　　D. 退刀量

4. 加工螺纹时，使用（　　）指令可简化编程。

A. G73　　　　　　　B. G74　　　　　　C. G75　　　　　　D. G76

5. 车削螺纹时，螺纹车刀的切削深度不正确会使螺纹（　　）产生误差。

A. 大径　　　　　　B. 中径　　　　　　C. 齿形角　　　　D. 粗糙度

6. 程序段"G92　X52　Z-100　I3.5　F3;"的含义是车削加工（　　）。

A. 外螺纹　　　　　B. 锥螺纹　　　　　C. 内螺纹　　　　D. 三角螺纹

7. 在 FANUC 数控系统中，指令（　　）是螺纹固定切削循环指令。

A. G32　　　　　　B. G23　　　　　　C. G92　　　　　　D. G90

8. 管螺纹是用于管道连接的一种（　　）。

A. 普通螺纹　　　　B. 寸制螺纹　　　　C. 连接螺纹　　　　D. 精密螺纹

二、编程题

1. 在数控车床上加工图 8-24 和图 8-25 所示的轴类零件。

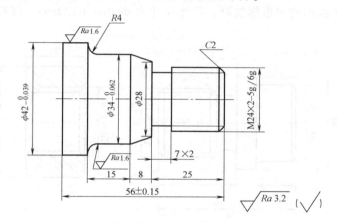

图 8-24　螺纹轴零件图 1

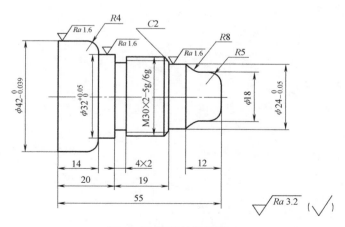

图 8-25　螺纹轴零件图 2

2. 加工图 8-26 所示的轴套，毛坯尺寸为 $\phi75mm \times 80mm$，材料为 45 钢。

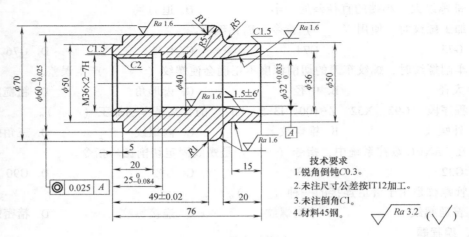

图 8-26 轴套零件图

技术要求
1. 锐角倒钝C0.3。
2. 未注尺寸公差按IT12加工。
3. 未注倒角C1。
4. 材料45钢。

3. 加工图 8-27 所示的梯形螺纹副，毛坯尺寸为 Φ60mm×120mm，材料为 45 钢。

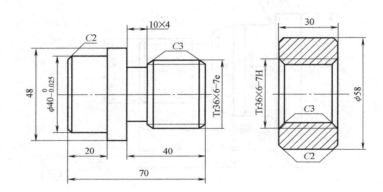

图 8-27 梯形螺纹副加工图

项目九

非圆曲线特形面的加工

知识目标

1. 掌握非圆曲线的加工原理。
2. 掌握 B 类型宏程序控制指令的应用方法。
3. 掌握 B 类型宏程序的运算指令方法。
4. 掌握 B 类型宏程序的引数赋值方法。
5. 掌握宏程序的调用方法。
6. 理解宏程序变量的含义。

技能目标

1. 掌握解析曲线形成的零件精加工程序的编制方法。
2. 掌握原材料为锻件、铸件的非圆特形面零件粗加工程序的编制方法。
3. 掌握原材料为棒料的非圆特形面零件粗加工程序的编制方法。
4. 了解通用宏程序的编制方法。

任务　曲线零件的加工

 任务描述

　　试采用 B 类宏程序编写图 9-1 所示曲线零件的数控加工程序，毛坯为 $\phi30\text{mm}\times51\text{mm}$ 的 45 钢棒料。

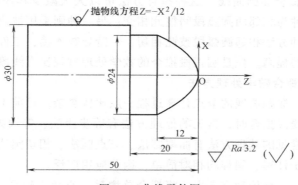

图 9-1　曲线零件图

知识准备

1. 非圆曲线轮廓概念

在数控加工中，把除直线与圆弧之外可以用数学方程式表达的平面廓形曲线，称为非圆曲线，其数学表达式形式可以用 $y=f(x)$ 直角坐标的形式给出，也可以用极坐标形式或参数方程形式给出。通过坐标变换，可以将后两种形式的数学表达式转换为直角坐标表达式。数控车床上加工的非圆曲线轮廓零件，主要是各种以非圆曲线为母线的回转体零件。图 9-2 所示为具有非圆曲线轮廓的回转体零件，零件右端含有椭圆轮廓。

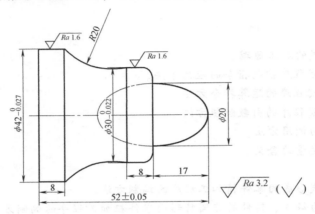

图 9-2　零件非圆曲线轮廓

2. 非圆曲线轮廓拟合方法

目前绝大部分数控系统都没有提供完善的非圆曲线插补功能。因此非圆曲线的加工主要用直线段或圆弧段去逼近非圆曲线，这种处理方法称拟合处理。拟合线段与轮廓曲线的交点或切点称为节点。

对于非圆曲线轮廓拟合，常见的有直线段拟合和圆弧段拟合两种方法。

（1）采用直线段拟合非圆曲线　这种拟合方法的数学处理一般较为简单，但计算的坐标数据较多，且各直线段间的连接处存在尖角。由于在尖角处，刀具不能连续地对零件进行切削，零件表面会出现硬点或切痕，使加工表面质量变差。

（2）采用圆弧段拟合非圆曲线　这种拟合方法可以大大减少程序段的数量，其数值计算分为两种情况：一种为相邻两圆弧段间彼此相交；另一种则采用彼此相切的圆弧段来逼近非圆曲线。由于后一种方法相邻圆弧段彼此相切，一阶导数连续，工件表面整体光滑，从而有利于加工表面质量的提高。但是圆弧段拟合的数学处理过程比直线段拟合要复杂一些。

3. 非圆曲线轮廓拟合数学处理方法

常见数学处理方法非圆曲线的节点计算过程一般比较复杂。目前生产中采用的数学处理方法也较多。采用直线段拟合时，常见的处理方法有等步距法、等误差法、等程序段法等；采用圆弧段拟合时，常见的处理方法有曲率圆法、三点圆法、相切圆法等。其中等步距法直线段拟合非圆曲线由于计算、编程均相对简单，因此应用广泛。

等步距法是指在一个坐标轴方向上，将拟合总增量（直角坐标系中指某方向尺寸总量，极坐标系中指转角或径向坐标的总增量）等分后，对设定节点进行坐标值计算。图 9-3a 所示为将工件轮廓坐标轴方向总长按照精度要求等分后，以每个等分作为步距进行拟合；图 9-3b 所示为将工件轮廓包含总角度等分后，以角度单位为步距进行拟合。步距越小，拟合精度越高。

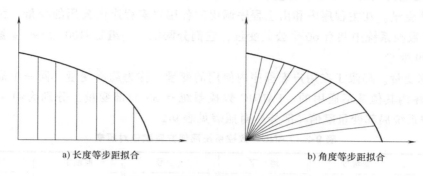

a) 长度等步距拟合　　　　　　　　　　b) 角度等步距拟合

图 9-3　非圆曲线轮廓等步距拟合

4. 宏程序

在一般的程序中，程序字为常量，故只能描述固定的几何形状，缺乏灵活性和实用性。用户宏程序由于允许使用变量、算术和逻辑运算及条件转移，用户可以自行扩展数控系统的功能。如图 9-4 所示，使用时，加工程序可用一条简单指令调出用户宏程序，和调用子程序完全一样。下面以 FANUC 0i-T 系统为例介绍一下用户宏程序。

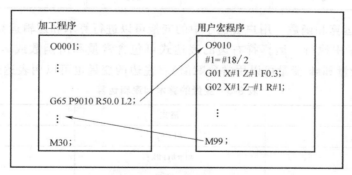

图 9-4　宏程序的调用方式

（1）变量　用一个可赋值的代号代替具体的坐标值，这个代号就称为变量。变量根据变量号可以分为系统变量、公共变量、局部变量和空变量四种类型（表 9-1），它们的性质和用途各不相同。

表 9-1　变量的类型

变量号	变量类型	功　　能
#0	空变量	该变量总是空，没有值能赋给该变量
#1~#33	局部变量	只能用于在宏程序中存储数据，断电后初始化为空，可以在程序中赋值
#100~#199	公共变量	在不同的宏程序中意义相同（即公共变量对于主程序和从这些主程序调用的每个宏程序来说是公用的），断电时#100~#199 变量清除为空，#500~#999 变量数据不清除
#500~#999		
#1000~	系统变量	用于读和写数控程序运行时各种数据的变化，例如刀具的当前位置和补偿值等

1）空变量。当变量值未定义时，这样的变量称为"空"变量。#0 变量总是空变量。它不能写，只能读。

2）系统变量。系统变量是固定用途的变量，它的值决定了系统的状态。FANUC 数控系统中的系统变量为#1000～#1015 变量、#1032 变量、#3000 变量等。

3）公共变量。在主程序内和由主程序调用的各用户宏程序内公用的变量，称为公共变量。FANUC 数控系统中共有 60 个公共变量，它们分两组，一组是#100～#199 变量；另一组是#500～#999 变量。

4）局部变量。局限于在用户宏程序内使用的变量，称为局部变量。同一个局部变量在不同的宏程序内其值是不通用的。FANUC 数控系统有 33 局部变量，分别为#1～#33 变量。FANUC 数控系统局部变量赋值（部分）对照表见表 9-2。

表 9-2　FANUC 数控系统局部变量赋值对照表

地址字	变量号	地址字	变量号	地址字	变量号
A	#1	I	#4	T	#20
B	#2	J	#5	U	#21
C	#3	K	#6	V	#22
D	#7	M	#13	W	#23
E	#8	Q	#17	X	#24
F	#9	R	#18	Y	#25
H	#11	S	#19	Z	#26

（2）变量的运算和函数　用户宏程序中的变量可以进行算术和逻辑运算，表 9-3 中列出的运算即可在变量中执行。运算符右边的表达式可包含常量和由函数或运算符组成的变量（表达式中的#j 变量和#k 变量可以用常数赋值）；左边的变量也可以用表达式赋值。

表 9-3　变量的算术和逻辑运算

功能	格式	备注
定义	#I = #j	
加	#I = #j+#k;	
减	#i = #j-#k;	
乘	#i = #j * #k;	
除	#i = #j#k;	
等于	EQ	
不等于	NE	
大于	GT	
小于	LT	
大于或等于	GE	
小于或等于	LE	
正弦	#i = SIN[#j];	角度以度指定
反正弦	#i = ASIN[#j];	90°30′表示为 90.5 度

（续）

功能	格式	备注
余弦	#i＝COS［#j］;	
反余弦	#i＝ACOS［#j］;	
正切	#i＝TAN［#j］;	
反正切	#i＝ATAN［#j］;／［#k；］	
平方根	#i＝SQRT［#j］;	
绝对值	#i＝ABS［#j］;	
舍入	#i＝ROUN［#j］;	
上取整	#i＝FIX［#j］;	
下取整	#i＝FUP［#j］;	
自然对数	#i＝LN［#j］;	
指数函数	#i＝EXP［#j］;	
或异或与	#i＝#jOR#k;	逻辑运算一位一位地按二进制数执行
	#i＝#jXOR#k;	
	#i＝#jAND#k;	
从 BCD 转为 BIN	#i＝BIN［#j］;	用于与 PMC 的信号交换
从 BIN 转为 BCD	#i＝BCD［#j］;	

（3）变量值的显示　如图9-5所示，当变量值是空白时，变量是空变量。符号＊＊＊＊＊＊＊＊表示溢出（当变量的绝对值大于99999999时）或下溢出（当变量的绝对值小于0.0000001时）。

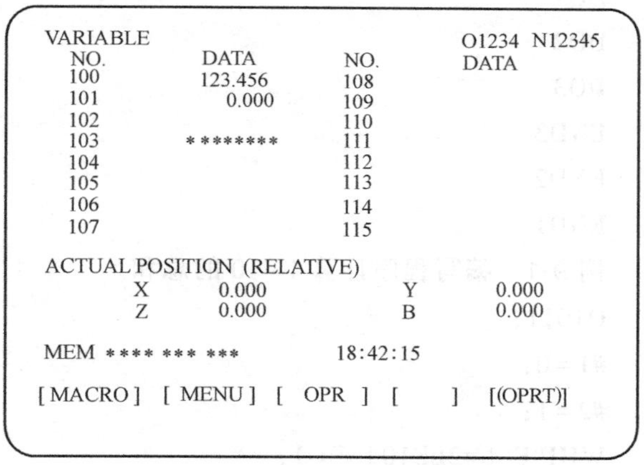

（4）用户宏程序语句　在程序中使用 GOTO 语句和 IF 语句可以改变控制的流向。有以下三种格式可以实现转移和循环操作：

1）无条件转移（GOTO 语句）。该语句转移到标有顺序号 n 的程序段。当指定 1～99999 以外的顺序号时，出现 P／S 报警，可用表达式指定顺序号。

编程格式：GOTOn；

其中，n 为顺序号，范围为 1～99999。

2）条件转移（IF 语句）。在条件转移语句中，IF 之后指定条件表达式，可有下面两种表达方式：

① 语句格式：IF［〈条件表达式〉］GOTOn

例如，

```
VARIABLE                              O1234 N12345
NO.        DATA        NO.        DATA
100        123.456     108
101          0.000     109
102                    110
103        ********     111
104                    112
105                    113
106                    114
107                    115

ACTUAL POSITION (RELATIVE)
      X        0.000          Y        0.000
      Z        0.000          B        0.000

MEM **** *** ***            18:42:15

[MACRO]   [ MENU ]   [ OPR ]   [      ]   [(OPRT)]
```

图 9-5　变量值的显示

② 语句格式：IF ［〈条件表达式〉］ THEN

例如，如果#1 变量和#2 变量的值相同，0 赋给#3 变量，即 IF ［#1EQ#2］ THEN#3 = 0；

3）循环（WHILE 语句）。用 WHILE 引导的循环语句，在其后指定一个条件表达式，当指定条件满足时，执行 DO ~ END 之间的程序，否则转到 END 后的程序段。

编程格式：WHILE ［条件表达式］ DOm（m 为 1，2，3）；

$\qquad \vdots$

$\qquad$ END m；

语句含义：当条件表达式满足时，程序段 DOm ~ ENDm，重复执行；当条件表达式不满足时，程序转到 END m 后处执行；如果语句中 "WHILE ［条件表达式］" 部分被省略，则程序段 DOm ~ ENDm 的部分将一直重复执行。

使用 WHILE 语句时，需要注意以下两点：

① 在 WHILE 语句中，DOm 和 ENDm 必须成对使用。

② DO 语句允许有 3 层嵌套，即

DO1

DO2

DO3

END3

END2

END1

例 9-1　编写程序计算 1 ~ 10 的总和。

O1011；

#1 = 0；

#2 = 1；

WHILE ［#2LE10］ DO1；

#1 = #1+#2；

#2 = #2+1；

END1；

M30；

（5）用户宏程序的调用　宏程序可以用非模态调用（G65 指令）、模态调用（G66、G67 指令）和 M98 功能代码调用。

1）非模态调用（单纯调用）。

编程格式：

G65 P×××× L ___（自变量赋值）；

其中，G65 为宏程序调用指令；P 为被调用的宏程序代号；L 为宏程序重复运行的次数，重复次数为一次时，可省略不写；自变量赋值为宏程序中使用的变量赋值。在书写时，G65 必须写在（自变量赋值）前。

G65 指令宏程序非模态调用与 M98 功能代码子程序调用的不同点说明：

① 用 G65 指令可以指定自变量数据传送到宏程序，而 M98 功能代码没有该功能。

② 当 M98 功能代码程序段包含另一个数据指令（例如 G01 X100.0 M98Pp）时，在指令执行之后调用子程序。相反，G65 指令则可以无条件地调用宏程序。

③ M98 功能代码程序段包含另一个数控指令（例如 G01 X100.0 M98Pp）时，在单程序段方式中机床停止。相反，使用 G65 指令机床不停止。

④ 用 G65 指令改变局部变量的级别；用 M98 功能代码不改变局部变量的级别。

2）模态调用。模态调用功能近似固定循环的续效作用，在调用宏程序的语句以后，每执行一次移动指令就调用一次宏程序。

编程格式：

G66 P×××× L＿＿（自变量赋值）；

G67；（取消宏程序模态调用方式）

在书写时，G66 必须写在（自变量赋值）前。

3）多重非模态调用。宏程序与子程序相同的一点是，一个宏程序可被另一个宏程序调用，最多可调用 4 重。

（6）变量的赋值

1）变量值的范围。局部变量和公共变量可以有 0 值或下面范围中的值：$-10^{47} \sim -10^{-29}$，$-10^{-29} \sim 0$，$0 \sim 10 \sim 29$，$29 \sim 1047$，如果计算结果超出有效范围，则发出 P/S 报警。

2）小数点的省略。当在程序中定义变量值时，小数点可以省略。例如，定义#1 = 123；#1 变量的实际值是 123.000。

3）变量的引用。为在程序中使用变量值，指定后跟变量号的地址。当用表达式指定变量时，要把表达式放在括号中，例如："G01 X［#1+#2］F#3"；被引用变量的值根据地址的最小设定单位自动地舍入，例如当程序段"G00X#1"；以 1/1000mm 的单位执行时，数控系统把 12.3456 赋值给#1 变量，实际指令值为"G00 X12.346;"。改变引用的变量值的符号，要把负号（–）放在#的前面，例如"G00 X-#1;"。当引用未定义的变量时，变量及地址字都被忽略，例如当#1 变量 的值是 0，并且#2 变量的值为空时，程序段"G00 X#1 Z#2;"的执行结果为"G00 X0;"。

需要注意的是，程序号、顺序号和任选程序段跳转号不能使用变量。例如，在以下方式中不可使用变量：

O#1；

/#2G00 X100.0；

N#3 Z200.0；

4）变量的赋值。由于系统变量的赋值情况比较复杂，这里只介绍公共变量和局部变量的赋值。变量的赋值方式可分为直接和间接两种。

① 直接赋值。例如：

#2＝116（表示将数值 116 赋值于#2 变量）

#103＝＃2（表示将#2变量的即时值赋于#103变量）

② 间接赋值。间接赋值就是用演算式赋值，即把演算式内演算的结果赋给某个变量。

图9-6所示为一个椭圆，欲车削加工四分之一椭圆（图中粗线部分）的回转轮廓线，要求在数控程序中用任意一点D的Z值（用#2变量）来表达该点的X值（用#5变量）。

椭圆的方程为

$$\frac{X^2}{a^2}+\frac{Z^2}{b^2}=1$$（X值为半径值），

则数控车床编程时直径X值为 $X=\frac{2a}{b}\sqrt{B^2-Z^2}$，

转为变量表达式为

5号变量＝[（1号变量+1号变量）/（3号变量）]×$\sqrt{3号×3号-2号×2号}$

间接赋值情况为

N 5　＃1＝50；

N 10　＃3＝80；

N 15　＃5＝[（＃1+＃1）/＃3]＊SQRT[＃3＊＃3-＃2＊＃2]

③ 在用户宏指令中为用户宏程序内的局部变量赋值。以单层宏程序为例，欲车削加工图9-6中从点A到点B的四分之一椭圆的回转轮廓线，采用直线逼近（也叫拟合），在Z方向分段，以1mm为一个步距，并把Z作为自变量。为了适应不同的椭圆（即不同的长短轴）、不同的起点和不同的步距，我们可以编制一个只用变量不用具体数据的宏程序，然后在主程序中调用该宏程序的用户宏指令段为上述变量赋值。这样，对于不同的椭圆、不同的起点和不同的步距，不必更改宏程序，只要修改主程序中用户宏指令段内的赋值数据就可以了。以#6变量代表步距，以80赋于#2代表起点A的Z方向坐标值。

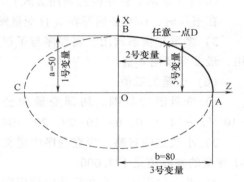

图9-6　椭圆轮廓及变量

例9-2　用户宏指令局部变量赋值编写图9-6所示四分之一椭圆的回转轮廓线。

参考程序见表9-4。

表9-4　四分之一椭圆回转轮廓线数控车削加工参考程序

主程序	宏程序
O0501；	O0502
N 0010　…	N0010　#2＝#3；
⋮	N0020　IF#2 LT0　GOTO　70；
N0100　G65 P0502 A50 C80 K1 F0.2；	N0030　#5＝[（#1+#1）/#3]＊SQRT[#3＊#3-#2＊#2]；
（#1＝50 ；#3＝80；#6＝1；#9＝0.2；）；	N0040　G01 X#5　Z#2　F#9；
⋮	N0050　#2＝#2-#6；
N0200　M30；	N0060　GOTO 20；
	N0070　M99；

例 9-3 编制图 9-7 所示零件椭圆曲面加工的宏程序，零件其余表面尺寸已保证。

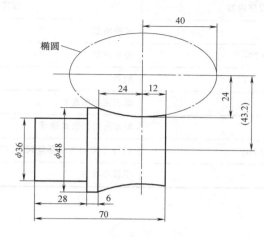

图 9-7 椭圆曲面零件图

参考程序见表 9-5。

表 9-5 椭圆曲面数控车削加工参考程序

程序段号	程序内容	程序说明
	O1403;	主程序名
N0010	G00 X100.0 Z100.0 T0101;	选 1 号 93°菱形外圆车刀
N0010	M03 S700;	
N0020	G00 X48.0 Z1.0;	切削起点
N0030	G65 P1404;	
N0040	G00 X100.0;	
N0050	Z100.0;	
N0060	M05;	
N0070	M30;	
	O1404;	宏程序名
N0010	#10 = 8;	X 方向加工余量
N0020	#11 = 0.1;	加工步距
N0030	G00 X42 Z1;	
N0040	#1 = 40;	椭圆长半轴
N0050	#2 = 24;	椭圆短半轴
N0060	#3 = 13;	#3 为 Z 方向变量，起点#3 离开工件端面 1mm
N0070	#4 = −37;	Z 方向终止（此点已延伸 1mm）
N0080	#5 = SQRT[#1 * #1 − #3 * #3];	
N0090	#6 = 2 * [43.2−#5 * #2/#1];	任意点 X 值
N0100	#6 = #6+#10;	任意点 X 值加上加工余量
N0110	G01 X#6 Z[#3-12]F0.1;	直线移动

（续）

程序段号	程序内容	程序说明
N0120	#3＝#3-#11;	变换动点
N0130	IF［#3GE#4］GOTO 20;	终点判别
N0140	G00 X50;	抬刀
N0150	Z1;	退刀至切削起点
N0160	#10＝#10-2;	X方向加工余量递减
N0170	IF［#10GEO］GOTO 30;	进行X方向加工余量判别,当#10变量<0时结束加工
N0180	M99;	子程序结束

任务实施

1. 工艺分析

（1）明确加工内容　从图样上看,零件φ30mm外径不需要加工,主要加工表面为工件右端的外径部分。

（2）确定各表面加工工艺方案　根据零件形状及加工精度要求,右端曲线轮廓直径的车削加工范围变化较大,为了得到比较小的表面粗糙度值,加工时采用恒周速（G96）方式编程。本零件以一次装夹所能进行的加工为一道工序,分粗、精两个工步完成全部轮廓的加工。

（3）装夹定位　用自定心卡盘装夹定位,三爪夹持φ30mm外径,工件伸出长度为25mm左右,工件经一次装夹完成所有加工工序。

（4）选择刀具　T0101外圆车刀。

2. 确定工件坐标系与基点坐标

以工件右端面的回转中心作为编程原点,基点值为绝对尺寸编程值。根据曲线公式,以Z方向坐标作为自变量,X方向坐标作为应变量,将本任务中的曲线分成120条线段后,用直线进行拟合,每条直线在Z方向的间距为0.1mm,即Z方向坐标每次递减0.1mm,计算出对应的X方向坐标为 $X = 2 \times \sqrt{-12Z}$（直径值）。宏程序编程时使用以下变量进行运算:

#101变量,曲线中的Z方向坐标,初始值为0;

#102变量,曲线中的X方向坐标（直径值）,初始值为0。

3. 确定加工工艺参数

由于G71指令中不能包含宏程序,根据外轮廓形状,采用G73指令加工,最大加工余量（30mm-0mm）/2＝15mm,粗加工时每次切削深度取1~1.5mm,故可分为10~15次左右循环切削加工完成零件粗加工;主轴转速线速度为80m/min,主轴最高转速限定为2000r/min,进给量取0.15~0.2mm/r,预留0.5~1mm径向精加工余量;精加工时,主轴转速为120m/min,进给量取0.05~0.1mm/r。

4. 编制程序

曲面零件车削加工参考程序见表9-6。

表 9-6　曲面零件车削加工参考程序

程序段号	程序内容	程序说明
	O1401;	主程序名
N10	G96 G99 G21 G40;	程序初始化
N20	G50 S2000;	限定主轴最高转速为 2000r/min
N30	G00 G28 U0 W0;	快速定位至换刀参考点(机械零点)
N40	T0101;	换 1 号外圆车刀,选择 1 号刀具补偿
N50	S80 M03;	主轴正转,线速度为 80m/min
N60	G00 X100.0 Z100.0 M08;	刀具到目测安全位置
N70	X35.0 Z2.0;	切削循环起点,毛坯直径为 ϕ30mm
N80	G73 U15.0 R15;	毛坯切削循环
N90	G73 P10 Q30 U0.5 W0.2 F0.15;	
N100	G00 X0;	精加工轮廓描述
N110	G01 Z0;	
N120	#101=0;	Z 方向坐标变量
N130	#102=SQRT[−#101*12.]*2.0;	对应的 X 方向坐标变量
N140	G01 X#102 Z#101;	直线拟合曲线
N150	#101=#101−0.1;	Z 方向坐标增量为 −0.1mm
N160	IF[#101GE−12.0]GOTO20;	条件判断
N170	Z−20.0;	
N180	X32.0;	
N190	G70 P10 Q20 S120 F0.08;	精加工外轮廓
N200	G00 G28 U0 W0;	程序结束
N210	M05 M09;	
N220	M30;	

巩固与提高

一、简答题

1. 什么是非圆曲线?

2. 什么是节点?非圆曲线轮廓拟合常见的拟合方法有哪几种?

二、编程题

图 9-8 所示的零件材料为 45 钢,毛坯尺寸为 ϕ55mm×80mm。完成该零件的工艺分析以及数控编程加工。

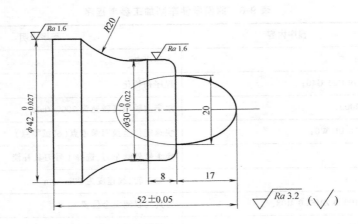

图 9-8 椭圆轴零件图

项目十

综合零件的加工

知识目标

1. 熟悉数控车削零件外轮廓的数学处理，能准确确定综合件的编程尺寸。

2. 能制订零件的数控车削工艺。

3. 具备编制较复杂零件的数控加工程序的能力。

4. 掌握尺寸公差、几何公差和表面粗糙度的综合控制方法，保证装配精度。

技能目标

1. 掌握较复杂零件、配合零件的车削加工工艺和加工方法。

2. 能按装配图的技术要求完成配合零件的加工与装配。

3. 培养独立操作数控车床的能力。

4. 正确使用各种量具，并能对配合零件进行质量分析。

任务一 带内、外圆锥面和外沟槽的零件的加工

 任务描述

完成图 10-1 所示零件的加工，毛坯尺寸为 $\phi30mm \times 83mm$，材料为铝合金。

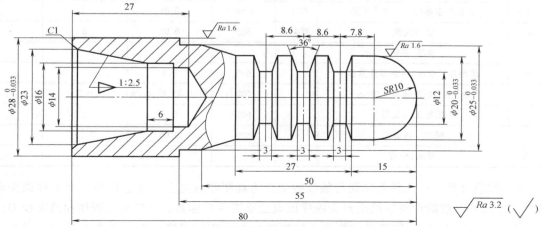

图 10-1 带内、外圆锥面的外沟槽的零件

任务实施

1. 工艺分析

1）技术要求分析。如图 10-1 所示，零件包括复杂的外形面，3 个等距等深的外沟槽，内、外圆锥面和切断等加工。其中外圆 $\phi28$mm、$\phi25$mm、$\phi20$mm 和球面 $SR10$mm 尺寸有严格尺寸精度和表面粗糙度等要求。零件材料为铝合金，无热处理和硬度要求。

2）确定装夹方案、定位基准、加工起点和换刀点。用自定心卡盘夹紧定位，加工完工件右端后，需掉头装夹。由于工件较小，为了加工路径清晰，加工起点和换刀点可以设为同一点，放在 Z 方向距工件前端面 100mm，X 方向距轴线 50mm 的位置。

3）制订加工方案，确定各刀具及切削用量。T0101：外圆车刀（93°右偏刀，粗、精加工），T0202：粗、精镗刀，T0404：切断刀（刀宽为 3mm）。数控加工刀具卡见表 10-1，加工方案的制订见表 10-2。

表 10-1　带内、外圆锥面的外沟槽的零件的数控加工刀具卡

序号	刀具号	刀具名称及规格	刀尖圆弧半径/mm	数量	加工表面	备注
1	T0101	93°外圆车刀	0.5	1	外表面、端面	
2	T0202	粗、精镗刀	0.4	1	镗孔及内锥面	
3	T0404	外槽车刀(切断刀,刀宽为3mm) (刀位点为左刀尖)		1	切槽、切断	
4		$\phi14$mm 麻花钻				

表 10-2　带内、外圆锥面的外沟槽的零件的加工工序和切削用量

工步号	工步内容	刀具号	主轴转速 $n/(r/min)$	进给量 $f/(mm/r)$	背吃刀量 a_p/mm	备注
1	车削加工端面	T0101	600	0.1		
2	自右向左粗加工工件外轮廓 （长度:距右端起55mm）	T0101	600	0.25	2	
3	自右向左精加工工件外轮廓	T0101	1200	0.08	0.25	
4	切外沟槽	T0404	300	0.05	2	
5	检测、校核					
6	车削加工端面,控制零件总长		600	0.1		
7	粗、精车削外圆至 $\phi28$mm		600	粗:0.25,精:0.08	0.5	
8	粗加工内表面		600	0.2	1	
9	精加工内表面		800	0.05	0.25	
10	检测、校核					

4）数值计算。以工件前端面与轴线的交点为程序原点建立工件坐标系，当工件调头车削时，也同样以前端面与轴线交点为程序原点建立工件坐标系。工件加工程序起点和换刀点都设在（X100，Z100）位置点。各节点位置坐标的计算过程略。暂不考虑刀具刀尖圆弧半

径对工件轮廓的影响。

2. 参考程序与加工过程

由于工件不可能在一次装夹中完成所有面的车削加工,必须通过掉头装夹分别加工工件的右端和左端。因此,编制两套主程序。

1)参考程序见表10-3。

表10-3 带内、外圆锥面的外沟槽的零件的车削加工参考程序

程序号	程序内容	程序说明
	O9001;	主程序名
N10	G97 G99 T0101;	选1号外圆车刀
N20	G00 X100.0 Z100.0 M03 S600;	主轴正转,快速移动到目测安全位置
N30	G00 X32.0 Z2.0;	快速定位至 φ32mm 处,距端面 Z 正方向 2mm
N40	G01 Z0 F0.1;	刀具与端面对齐
N50	X−1.0;	加工端面
N60	G00 X32.0 Z2.0;	快速定位至 φ32mm 处,距端面 Z 正方向 2mm
N70	G71 U2 R0.5;	
N80	G71 P90 Q145 U0.5 W0 F0.25;	
N90	G0 X0;	
N100	G01 G42 X0 Z0;	
N110	G03 X20.0 W−10 R10;	采用复合循环指令粗加工半圆球、外圆、外圆锥面等,X 正方向留 0.5mm 的精加工余量
N120	G01 Z−42.0;	
N130	X25 Z−50.0;	
N140	Z−55.0;	
N150	G40 X32.0;	
N160	G00 X100.0 Z100.0 M05;	刀架回换刀点、主轴停转
N170	M00;	程序加工暂停、检测工件
N180	M03 S1200;	主轴正转,转速为 1200r/min
N190	G00 X32.0 Z2.0;	快速定位至 φ32mm 处,距端面 Z 正方向 2mm
N200	G70 P90 Q145 F0.08;	精加工半圆球、外圆、外圆锥面等
N210	G00 X100.0 Z100.0 M05;	返回程序起点即换刀点,主轴停转
N220	M00;	程序暂停,检测工件
N230	M03 S300 T0404;	换外槽车刀,降低主轴转速
N240	G00 X22 Z−9.2 M08;	快速定位,准备切槽,切削液开
N250	M98 P0091 L3;	调用子程序3次,加工3处等距外沟槽
N260	G00 X100.0 Z100.0 M05;	刀架回刀具起始点,主轴停转
N270	M30;	程序结束
	O0091;	子程序
N10	G00 W−8.6;	刀具沿 Z 负方向平移 8.6mm
N20	G01 U−10 F0.05;	沿径向切槽至槽底(φ12mm 处)

（续）

程序号	程序内容	程序说明
N30	G04 X0.5;	槽底暂停
N40	G00 U10;	快速退至 $\phi22mm$ 处
N50	W1.3;	沿 Z 正方向平移 1.3mm
N60	G01 U-2;	沿径向移动至 $\phi20mm$ 处
N70	U-8 W-1.3;	刀具切沟槽右侧面至槽底
N80	G00 U10;	快速退至 $\phi22mm$ 处
N90	W-1.3;	沿 Z 负方向平移 1.3mm
N100	G01 U-2;	沿径向移动至 $\phi20mm$ 处
N110	U-8 W1.3	刀具切沟槽左侧面至槽底
N120	G00 U10;	快速退至 $\phi22mm$ 处
N130	M99;	子程序结束
工件掉头装夹,钻孔后,车削端面、内、外表面		
	O9002;	主程序 2
N10	G97 G99 T0101;	建立工件坐标系,选1号外圆车刀
N20	G00 X100.0 Z100.0 M03 600;	主轴正转,转速为600r/min
N30	G00 X32.0 Z2.0;	快速定位至 $\phi32mm$ 处,距端面 Z 正方向2mm
N40	G01 Z0 F0.1;	刀具对齐端面
N50	X12.0;	车削加工端面
N60	G00 X32.0 Z2.0;	快速定位至 $\phi32mm$ 处,距端面 Z 正方向2mm
N70	G90 X29.0 Z-26.0 F0.25;	加工外圆 $\phi28mm\times25mm$
N80	X28.0 F0.08;	
N90	G00 X100.0 Z100.0 M05;	回换刀点,主轴停转
N100	M00;	程序暂停
N110	M03 S600 T0202;	换镗刀,主轴正转,转速为600r/min
N120	G00 X13.0 Z2.0;	快速定位至 $\phi13mm$ 处,距端面 Z 正方向2mm
N130	G71 U1.0 R0.5;	采用复合循环指令粗加工内孔各处,X 负方向留 0.05mm 的精加工余量
N140	G71 P150 Q190 U-0.5 F0.2;	
N150	G0 X25.0;	
N160	G01 Z0	
N170	X23.0 Z-1.0	
N180	X16.0 Z-18.5;	
N190	Z-24.5;	
N200	G00 X100.0 Z100.0 M05;	刀架回换刀点、主轴停转
N210	M00;	程序加工暂停,检测工件
N220	M03 S800;	变主轴转速
N230	G00 X13.0 Z2.0;	快速定位至 $\phi13mm$ 处,距端面 Z 正方向2mm

（续）

程序号	程序内容	程序说明
N240	G70 P150 Q190 F0.05;	精加工内孔各处
N250	G00 X100.0 Z100.0 M05;	回程序起点，主轴停转
N260	M30;	程序结束

2）输入程序。

3）使用数控编程模拟软件对加工刀具轨迹进行仿真，或数控系统图形仿真加工，进行程序校验及修整。

4）安装刀具，对刀操作，建立工件坐标系。

5）启动程序，自动加工。

6）停车后，按图样要求检测工件，对工件进行误差与质量分析。

3. 检测与评分

将任务完成情况的检测与评分填入表 10-4 中。

表 10-4 零件检测与评分表

班级			姓名			学号	
项目名称			带内、外锥面的外沟槽零件		零件图号		
基本检查	编程	序号	检测内容		配分	学生自评	教师评分
		1	加工工艺路线制订正确		5		
		2	切削用量选择合理		5		
		3	程序正确		5		
	操作	4	设备操作、维护、保养正确		5		
		5	安全、文明生产		5		
		6	刀具选择、安装正确规范		5		
		7	工件找正、安装正确规范		5		
工作态度		8	纪律表现		5		
外圆		9	$\phi28_{-0.033}^{0}$ mm	IT	6+3		
				$Ra1.6\mu m$			
		10	$\phi25_{-0.033}^{0}$ mm	IT	6+3		
				$Ra1.6\mu m$			
		11	$\phi20_{-0.033}^{0}$ mm	IT	6+3		
				$Ra1.6\mu m$			
		12	$\phi12$mm	IT	3+1		
				$Ra3.2\mu m$			
角度		13	36°(3处)	IT	6+3		
				$Ra3.2\mu m$			
内孔		14	$\phi14$mm	IT	3+1		
				$Ra3.2\mu m$			
		15	内锥▷1:2.5	IT	4+2		
				$Ra3.2\mu m$			
长度		16	15mm		2		
		17	27mm		2		
		18	50mm		2		
		19	55mm		2		
		20	80mm		2		
综合得分					100		

任务二　带螺纹和椭圆曲线的零件的加工

 任务描述

完成图 10-2 所示带螺纹和椭圆曲线的零件的加工。零件材料为 45 钢，毛坯尺寸为 $\phi65\text{mm}\times135\text{mm}$。

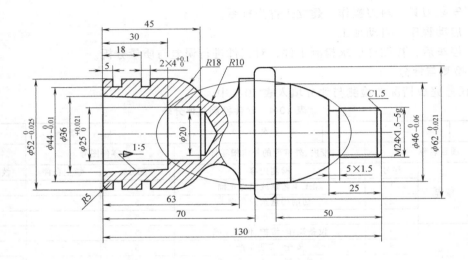

图 10-2　带螺纹和椭圆曲线的零件

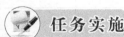 任务实施

1. 工艺分析

1）技术要求分析。从图样上看，零件不需要热处理，主要加工表面为工件的外径及内孔各部分。

2）确定加工方案。根据零件轮廓形状及加工精度要求，以一次装夹所加工的内容作为一道工序，分粗、精两个工步完成零件轮廓的加工。

3）装夹定位。用自定心卡盘装夹定位。掉头装夹时，夹紧力要适中，既要防止工件的变形与夹伤，又要防止工件在加工过程中产生松动，并应对工件进行找正，以保证工件轴线与主轴轴线同轴。

4）制订加工方案，确定各刀具及切削用量。T0101 90°外圆车刀；T0202 95°外圆车刀；T0303 宽度为 4mm 的切断刀；T0404 60°螺纹车刀；T0505 中心钻头；T0606 ϕ20mm 钻头；T0707 内孔车刀。本任务零件数控加工刀具卡见表 10-5。

加工方案的制订见表 10-6。

表 10-5　带螺纹和椭圆曲线的零件的数控加工刀具卡

序号	刀具号	刀具名称及规格	数量	加工表面	刀尖圆弧半径/mm	备注
1	T0101	93°外圆车刀（80℃型菱形刀片）	1	端面		手动
2	T0202	95°外圆车刀（35°V型菱形刀片）	1	外轮廓	0.4	
4	T0303	外槽车刀	1	槽	刀宽为4	
5	T0404	外螺纹车刀	1	外螺纹		刀尖为60°
6	T0505	A3.5/mm 中心钻	1	钻中心孔		手动
7	T0606	φ20mm 麻花钻	1	钻孔		手动
8	T0707	内孔车刀	1	镗内孔		

表 10-6　带螺纹和椭圆曲线的零件的加工工序和切削用量

工步号	工步内容	刀具	主轴转速 $n/(\text{r/min})$	进给量 $f/(\text{mm/r})$	背吃刀量 a_p/mm	备注
1	装夹工件,工件伸出长度为95mm					
2	加工左端面	T0101	800	0.2		手动
3	粗、精加工工件左端外圆	T0202	粗:600 精:1000	粗:0.3 精:0.1	粗:1 精:0.2	游标卡尺测量
4	切工件左端两槽	T0303	500	0.1		游标卡尺测量
5	钻左端中心孔	T0505				手动
6	钻左端孔	T0606				手动
7	镗左端内孔	T0707	粗:500 精:1000	粗:0.2 精:0.1	粗:0.7 精:0.25	游标卡尺测量
8	工件掉头,加工右端面	T0101	800	0.2		手动
9	粗、精加工零件右端外圆、椭圆面	T0202	粗:600 精:1000	粗:0.3 精:0.1	粗:1 精:0.2	游标卡尺测量
10	切5mm退刀槽	T0303	500	0.1		游标卡尺测量
11	加工M24外螺纹	T0404	600	螺距1.5mm		螺纹环规检测

2. 参考程序与加工过程

由于工件不可能在一次装夹中完成所有面的车削，必须通过掉头装夹，分别加工工件的右端和左端。因此，编制两套主程序。

1）参考程序见表 10-7。

表 10-7　带螺纹和椭圆曲面的零件的车削参考程序

程序号	程序内容	程序说明
	O0011;	粗加工零件左端外轮廓
N10	G97 G99 G21 G40;	程序初始化
N20	G0 G28 U0 W0	快速定位至换刀参考点（机械原点）
N30	T0202　M03　S600;	换2号外圆车刀，选择2号刀具补偿
N40	G00　X100.0　Z100.0;	准备下刀点

（续）

程序号	程序内容	程序说明
N50	X67.0　Z2.0；	下刀位置
N60	G73　U10　W0　R10；	G73 指令粗加工工件左端各圆柱面、圆弧面
N70	G73　P80　Q180　U0.4　W0.1　F0.3；	
N80	G00　X42.0；	下刀点
N90	G01　Z0　F0.1；	
N100	G03　X52.0　Z-5.0　R5；	车削 $R5\,mm$ 圆弧
N110	G01　Z-30.0；	加工 $\phi52\,mm$ 圆柱面
N120	G03　X37.0　Z-45.0　R18；	快速进刀
N130	G02　X49.0　Z-63.0　R10；	车削加工 $R10\,mm$ 圆弧
N140	G01　X52.0；	加工 $\phi52\,mm$ 圆柱面
N150	Z-70.0；	
N160	X56.0	X 方向退至 56mm 处
N170	G03　X62.0　Z-73.0　R3；	车削 $R3\,mm$ 圆弧
N180	G01　Z-78.0；	
N190	G00　X100.0；	快速退刀
N200	Z100.0；	
N210	M05；	主轴停转
N220	M00；	程序暂停
N230	M03　S1000　T0202；	主轴正转，转速为1000r/min
N240	G00　X67.0　Z2.0；	快速定位至下刀点
N250	G70　P80　Q180；	精加工件左端各表面
N260	G00　X100.0　Z150.0；	快速退刀
N270	M03　S500　T0303；	主轴正转，转速为500r/min，换3号刀
N280	G00　X55.0　M08；	X 方向下刀点，切削液开
N290	Z2.0；	Z 方向下刀点
N300	Z-9.0；	Z 方向定位
N310	X44.0　F0.1；	X 方向加工至 $\phi44\,mm$ 处
N320	G04　P1000；	槽底停留
N330	G00　X55.0；	X 方向退刀
N340	Z-22.0；	Z 方向左移定位
N350	G01　X44.0；	X 方向加工至 $\phi44\,mm$ 处
N360	G04　P1000；	槽底停留1s
N370	G0　X100.0　Z100.0；	退刀
N380	M05　M09；	主轴停转
N390	M00；	程序暂停

（续）

程序号	程序内容	程序说明
N400	T0707　M03　S500;	主轴正转,转速为500r/min,换7号刀
N410	G00　X100.0　Z100.0;	换刀点
N420	X18.0　Z5.0;	下刀点
N430	G71　U0.7　R0.5;	G71指令粗加工内孔
N440	G71　P450　Q500　U-0.5　W0.1　F0.2;	
N450	G00　X36.0;	X方向下刀点
N460	G01　Z0　F0.1;	Z方向下刀点
N470	X28.0　Z-30.0;	加工内锥孔
N480	X25.0;	镗孔至φ25mm
N490	Z-45.0;	Z方向移至内孔底
N500	X20.0;	Z方向快速退刀
N510	Z50.0;	X方向快速退刀
N520	M05;	主轴停转
N530	M00;	程序暂停
N540	M03　S1000　T0707	主轴正转,转速为1000r/min,换7号刀
N550	G00　X18.0　Z5.0;	快速定位至下刀点
N560	G70　P450　Q50;	精镗内孔
N570	Z100.0;	
N580	M30;	
	O0012;	粗车、精车零件右端外圆、椭圆面
N10	M03　S600　T0202;	主轴正转,转速为600r/min,换2号刀
N20	G0　X67.0　Z2.0;	快速定位至下刀点
N30	G73　U19　W0　R18;	G73指令粗加工工件右端各表面
N40	G73　P50　Q180　U0.4　W0.1　F0.3;	
N50	G00　X20.8;	下刀点
N60	G01　Z0　F0.1;	
N70	G01　X23.8　Z-1.5;	倒角C1.5
N80	Z-25.0	Z方向左移
N90	X31.942;	椭圆起始下刀点
N100	#101=38.942;	椭圆起始角度
N110	#102=50*sin[#101];	定义椭圆值
N120	#103=45*cos[#101]-60;	椭圆Z值
N130	#101=#101+1;	角度递增
N140	G01　X#102　Z#103;	加工椭圆
N150	IF　[#102　LE　46]　GOTO　110;	判断语句

（续）

程序号	程序内容	程序说明
N160	G01　Z-50.0;	加工圆柱面
N170	X56.0;	X 方向退刀
N180	G03　X62.0　Z-53.0　R3;	车削加工 R3mm 圆弧
N190	G00　X100.0;	X 方向快速退刀
N200	Z100.0	Z 方向快速退刀
N210	M05;	主轴停转
N220	M00;	程序暂停
N230	M03　S1000;	变主轴转速
N240	G00　X67.0　Z2.0;	下刀点
N250	G70　P50　Q180;	精加工工件右端
N260	M05;	主轴停转
N270	M00;	程序停止
N280	M03　S500　T0303;	主轴正转,转速为 500r/min,换 3 号刀
N290	G0　X35.0　Z2.0;	刀具 X 方向下刀点
N300	Z-25.0;	刀具 Z 方向下刀点
N310	G01　X21.0　F0.1;	切槽深至 X 方向 21mm 处
N320	G0　X35.0;	X 方向退刀
N330	Z-24.0;	Z 方向右移
N340	G01　X21.0;	切槽深至 X 方向 21mm 处
N350	G00　X100.0;	X 方向退刀
N360	Z100;	Z 方向退刀
N370	T0404　M03　S600;	换 4 号刀,主轴正转,转速为 600r/min
N380	G00　X26.0　Z3.0;	刀具下刀点
N390	G92　X23.2　Z-23.0　F1.5;	车削螺纹第一刀
N400	X22.6;	车削螺纹第二刀
N410	X22.2;	车削螺纹第三刀
N420	X22.05;	车削螺纹第四刀
N430	X22.05	精修螺纹第五刀,车削螺纹至尺寸
N440	G00　X100;	X 方向退刀
N450	Z100.0;	Z 方向退刀
N460	M05;	主轴停转
N470	M30;	程序停止

2）输入加工程序，并检查调试。

3）手动移动刀具退至距离工件较远处。

4）启动程序自动加工。

5）测量工件，对工件进行误差与质量分析并优化程序。

3. 检测与评分

将任务完成情况的检测与评分填入表 10-8 中。

表 10-8　带螺纹和椭圆曲线的零件的检测与评分表

班级			姓名		学号	
项目名称			带螺纹和椭圆曲线零件		零件图号	
		序号	检测内容		配分	学生自评	教师评分
基本检查	编程	1	加工工艺路线制订正确		5		
		2	切削用量选择合理		5		
		3	程序正确		5		
	操作	4	设备操作、维护、保养正确		5		
		5	安全、文明生产		5		
		6	刀具选择、安装正确规范		5		
		7	工件找正、安装正确规范		5		
工作态度		8	纪律表现		5		
外轮廓		9	$\phi52_{-0.025}^{0}$ mm	IT	6+3		
				$Ra1.6\mu m$			
		10	$\phi44_{-0.01}^{0}$ mm	IT	6+3		
				$Ra1.6\mu m$			
		11	$\phi62_{-0.021}^{0}$ mm	IT	6+3		
				$Ra1.6\mu m$			
		12	$\phi46_{-0.06}^{0}$ mm	IT	3+1		
				$Ra3.2\mu m$			
		13	M24×1.5-5g		3+1		
外轮廓		14	5mm×1.5mm		3		
		15	$2mm×4_{0}^{+0.1}$ mm		3		
		16	$R10mm$		1		
			$R10mm$		1		
			$R5mm$		1		
内轮廓		18	$\phi36mm$	IT	3+1		
				$Ra3.2\mu m$			
		19	$\phi25_{0}^{+0.021}$ mm	IT	4+2		
				$Ra3.2\mu m$			
		20	内锥 1 : 5	IT	4+2		
				$Ra3.2\mu m$			
综合得分					100		

思考：在数控加工过程中，产生尺寸精度降低的原因是多方面的，现将造成尺寸精度降低的常见原因列于表 10-9 中。

表 10-9　数控车削尺寸精度降低原因分析

影响因素	序号	产生原因
装夹与找正	1	工件找正不正确
	2	工件装夹不牢固,加工过程中产生松动与振动
刀具	3	对刀不正确
	4	刀具在使用过程中产生磨损
	5	刀具刚性差,刀具加工过程中产生振动

（续）

影响因素	序号	产生原因
加工	6	切削深度过大,导致刀具发生弹性变形
	7	刀具长度补偿参数设置不正确
	8	精加工余量选择过大或过小
	9	切削用量选择不当,导致切削力、切削热过大,从而产生热变形和内应力
加工工艺	10	机床原理误差
	11	机床几何误差
	12	工件定位不正确或夹具与定位元件制造误差

任务三　组合件的加工

任务描述

图 10-3 所示的组合件分别由圆锥心轴和锥套两个零件组成，要求加工零件，配合后满足装配图要求，零件毛坯尺寸为 $\phi45mm \times 135mm$，材料为 45 钢。

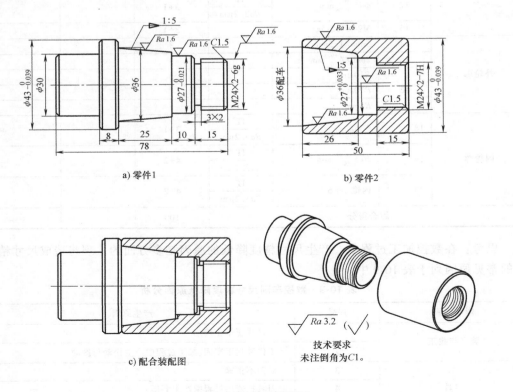

a) 零件1　　　　b) 零件2

c) 配合装配图

技术要求
未注倒角为C1。

图 10-3　组合件零件图

知识准备

1. 组合件加工的基本要求

1）组合件加工的尺寸要求。属于间隙配合的组合件中，孔类零件一般采用上极限偏差，轴类零件一般采用下极限偏差；属于过渡配合时，则根据尺寸公差要求加工。

2）组合件加工的顺序要求。加工时，对先加工的零件要按图样要求检测工件，保证零件的各项技术要求。后加工的零件一定要在工件不拆卸的情况下进行试配，保证配合技术要求。

2. 组合件加工的基本方法

组合件加工的关键是工艺方案的制订、基准零件的选择以及切削过程中的配车和配研合理安排组合件的加工工艺，能保证组合件的加工精度和装配精度，而组合件的装配精度与各零件的加工精度密切相关，其中基准零件加工精度对配合精度的影响尤为突出。因此，在制订组合件的加工工艺时，应注意以下几点：

1）分析组合件的装配关系，确定基准零件，它是直接影响组合件装配后各零件相互位置精度的主要零件。

2）根据各零件的技术要求和结构特点以及配合件的装配技术要求，分别拟订各零件的加工方法、各主要表面的加工次数（粗、半精、精加工的选择）和加工顺序等。通常应先加工基准表面，后加工其他表面。

3）先加工基准零件，重点控制有配合精度的尺寸，然后根据装配关系的顺序，依次加工配合件中的其余零件。

4）其余零件配合尺寸的加工，应按已加工的基准零件及其他零件的实测结果做相应调整，充分使用配车、配研等配合加工手段。

 任务实施

1. 图样分析

（1）装配分析　组合件如图 10-3 所示，零件 1（图 10-3a）和零件 2（图 10-3b）之间保证间距为 1mm±0.10mm 的配合间隙。该尺寸在配合后用塞尺进行检查，决定该配合尺寸的关键技术是内、外圆锥的配合加工方法，建议先加工零件 2，再以零件 2 为基准去配合加工零件 1，这两个零件的配合质量，直接关系到装配图中的技术要求是否能实现。

（2）零件分析　零件 1 圆锥心轴是一个轴类零件，外形圆柱面、圆锥面、螺纹都属配合表面，尺寸精度要求较高，表面粗糙度值 $Ra \leqslant 1.6\mu m$；零件 2 锥套是一个套类零件，外轮廓较简单，内轮廓由内孔、内锥面、内螺纹构成，属装配表面，必须保证其形状、尺寸及几何精度要求。

2. 加工工艺分析

从零件的加工工艺性和装配图的技术要求两方面综合考虑，两个零件的加工顺序：零件 1（锥轴）→零件 2（锥套）。

（1）零件 1 工艺性分析　该零件是一个轴类零件，圆柱面、圆锥面都属配合表面，在加工中可以采用自定心卡盘装夹的方法安排工艺，加工完工件左端后，掉头并找正再加工工件右端轮廓。

（2）零件2工艺性分析　该零件是一个套类零件，外轮廓较简单，采用自定心卡盘装夹，需要两次装夹完成。内轮廓由内锥面构成，属装配表面，需要保证其形状、尺寸和几何精度要求。该零件的难点是内腔的加工，应尽量缩短镗刀刀杆长度以增加刀具刚性，在加工中选用切削用量时，走刀量和背吃刀量适当选小一些，以减小切削力。为提高加工效率，切削速度可适当取大一些。

需要注意的是，加工时不拆除零件1，零件2与之试配并进行修整，保证各项配合精度，故加工时先加工锥套。

3. 加工工艺文件

1）锥套加工工序见表10-10。

表10-10　锥套加工工序

工步号	工步内容	刀具号	刀具名称	主轴转速 $n/(\text{r/min})$	进给量 $f/(\text{mm/r})$	背吃刀量 a_p/mm	备注
1	车削加工右端面	T0101	93°外圆车刀	500	0.2		手动
2	粗、精加工工件外轮廓并倒角C1	T0101	93°外圆车刀	粗:800 精:1200	粗:0.2 精:0.1	粗:1.5 精:0.25	游标卡尺测量
3	钻中心孔	T0505	A3.5mm 中心钻				手动
4	钻长度为55mm的孔	T0606	φ20mm 麻花钻				手动
5	粗、精加工工件左端的1:5锥孔	T0404	93°内孔镗刀	粗:400 精:800	粗:0.15 精:0.08	粗:1 精:0.25	内测千分尺测量
6	切断，掉头装夹，车削端面，保证总长	T0202	外槽车刀	600	0.05		手动
7	加工工件右端内螺纹底孔	T0404	93°内孔车刀	粗:500 精:1000	粗:0.2 精:0.1	粗:1 精:0.25	内测千分尺测量
8	车削工件右端内螺纹	T0303	内螺纹车刀	500	螺距为2mm		螺纹塞规检测

2）锥轴加工工序见表10-11。

表10-11　锥轴加工工序

工步号	工步内容	刀具号	刀具名称	主轴转速 $n/(\text{r/min})$	进给量 $f/(\text{mm/r})$	背吃刀量 a_p/mm	备注
1	装夹毛坯，工件伸出长度40mm						手动
2	车削加工端面	T0101	93°外圆车刀	500	0.2		手动
3	粗、精加工工件左端外轮廓并倒角C1	T0101	93°外圆车刀	粗:800 精:1000	粗:0.2 精:0.1	粗:1.5 精:0.25	游标卡尺测量
4	掉头装夹，加工工件右端面，保证总长为78mm	T0101	93°外圆车刀	500	0.2		手动
5	粗、精加工工件右端外轮廓	T0101	93°外圆车刀	粗:800 精:1000	粗:0.2 精:0.1	粗:1.5 精:0.25	游标卡尺测量
6	切退刀槽3mm×2mm	T0202	外槽车刀	300	0.05		游标卡尺测量
7	车削加工 M24×2 外螺纹	T0303	外螺纹车刀	500	螺距为2mm	0.5~0.15	螺纹环规检测

3）数控刀具卡见表 10-12。

表 10-12　组合件数控加工刀具卡

序号	刀具号	刀具名称及规格	数量	加工表面	刀尖圆弧半径/mm	备注
1	T0101	93°外圆车刀	1	外轮廓	0.4	刀尖80°
2	T0202	切槽刀	1	退刀槽及切断	刀宽为 3mm	3×2
3	T0303	内螺纹车刀	1	内螺纹		刀尖60°
4		外螺纹车刀	1	外螺纹		刀尖60°
5	T0404	93°内孔车刀	1	内轮廓	0.4	刀尖55°
6	T0505	A3.5mm 中心钻	1	钻中心孔		手动
7	T0606	φ20mm 麻花钻	1	钻孔		手动

4. 参考程序

由于工件不可能在一次装夹中完成所有面的车削加工，必须通过掉头装夹，分别加工工件的右端和左端、外轮廓和内孔。因此，编制 4 套主程序。

1）锥套加工参考程序见表 10-13。

表 10-13　锥套加工参考程序

程序号	程序内容	程序说明
	O2 020;	主程序号
N10	T0101 M03 S800;	主轴正转,选择1号外圆刀
N20	G00 X150.0 Z120.0;	
N30	X47.0 Z2.0;	快速定位至φ47mm处,距端面 Z 正方向2mm
N40	G71 U1.5 R1.0;	
N50	G71 P60 Q90 U0.5 W0 F0.2;	
N60	G00 X41.0	采用复合循环指令粗加工锥套外轮廓,X 正方向留 0.5mm 精加工余量
N70	G01 Z0 F0.1;	
N80	X43.0 Z-1.0;	
N90	Z-55.0;	
N100	G00 X50.0;	
N110	G00 X150.0 Z120.0;	
N120	M03 S1200;	
N130	G00 X47.0 Z2.0;	
N140	G70 P60 Q90;	
N150	G00 X150.0 Z100.0;	刀架回换刀点,主轴停转
N160	M03 S400 T0404	换4号刀,主轴正转,转速为 400r/min
N170	G00 X20.0 Z3.0;	快速定位至φ20mm处,距端面 Z 正方向3mm
N180	G71 U1 R0.5;	

（续）

程序号	程序内容	程序说明
N190	G71 P200 Q240 U−0.5 W0 F0.15；	
N200	G00 X36.0；	
N210	G01 G41 X36.0 Z0 F0.08；	
N220	G01 X31.0 Z−26.0；	
N230	X27.0；	
N240	Z−35.0；	
N250	G40 X20；	
N260	G00 Z200.0；	
N270	X150.0；	
N280	M03 S800；	
N290	G00 X20.0 Z3.0；	
N300	G70 P200 Q240；	
N310	G0 X150.0 Z200.0；	
N320	M30；	
	O2021	主程序号
N005	T0404 M03 S500；	主轴正转，选择 1 号外圆刀
N010	G00 X19.0 Z3.0；	快速定位至 $\phi19$mm 处，距端面 Z 正方向 3mm
N015	G71 U1 R0.5；	
N020	G71 P25 Q40 U−0.5 W0 F0.2；	采用复合循环指令粗加工内孔各处，X 负方向
N025	G0 X25.0；	留 0.5mm 精加工余量
N030	G01 Z0 F0.1；	
N035	X22.0 Z−1.5；	
N040	Z−18.0；	
N050	M03 S1000；	
N060	X19.0 Z3.0；	
N065	G70 P25 Q40；	
N070	G00 Z200.0；	
N075	X150.0；	
N080	T0303 M03 S500；	换 3 号刀具，主轴正转
N085	G00 X19.0 Z3.0；	
N090	G92 X21.4 Z−18.0 F2.0；	
N095	X22.3；	
N100	X22.9；	
N105	X23.5；	

（续）

程序号	程序内容	程序说明
N110	X23.9;	
N115	X24.0;	
N120	X24.0;	
N125	G00 X19;	
N130	Z200.0;	
N135	M30;	程序结束

2）锥轴加工参考程序见表 10-14。

表 10-14 锥轴加工参考程序

程序号	程序内容	程序说明
	O2021	主程序名
N10	T0101 M03 S800;	主轴正转，选择1号外圆刀
N20	G00 X100.0 Z80.0;	
N30	X47.0 Z2.0;	快速定位至 ϕ47mm 处，距端面 Z 正方向 2mm
N40	G71 U1.5 R1;	
N50	G71 P60 Q120 U0.5 W0 F0.2;	
N60	G00 X28.0;	
N70	G01 Z0;	
N80	G01 X30.0 Z-1;	采用复合循环指令粗加工半圆球、外圆、外圆锥面等，X 正方向留 0.5mm 精加工余量
N90	Z-20.0;	
N100	X41.0;	
N110	X43.0 Z-21;	
N120	Z-32.0;	
N130	G00 X100.0 Z80.0;	
N140	M03 S1200;	
N150	X47.0 Z2.0;	
N160	G70 P60 Q120 F0.1;	
N170	G00 X100.0 Z80.0;	
N180	M05;	主轴停转
N190	M30;	程序结束
	O2022;	主程序名
N010	G00 X100.0 Z80.0;	
N020	M03 S800 T0101;	选1号刀具，主轴正转
N030	X47.0 Z2.0;	快速定位至 ϕ47mm 处，距端面 Z 正方向 2mm
N040	G71 U1.5 R1.0;	
N050	G71 P60 Q160 U0.5 W0 F0.2;	

（续）

程序号	程序内容	程序说明
N060	G00 X21.0;	
N065	G01 G42 X21.0 Z0 F0.1;	
N070	G01 X23.8 Z-1.5 F0.1;	
N080	Z-15.0;	
N090	X25.0;	
N100	X27.0 Z-16.0;	
N110	Z-25.0;	
N120	X31.0;	
N130	X36.0 Z-50.0;	
N140	X41.0;	
N150	X43.0 Z-51.0;	
N160	G40 X47.0;	
N170	M03 S1000;	
N180	X47.0 Z2.0;	
N190	G70 P60 Q160;	
N200	G00 X100.0 Z80.0;	
N210	T0202 M03 S300;	主轴正转,选2号刀切槽
N220	G00 X26.0 Z2.0;	快速定位至φ26mm处,距端面Z正方向2mm
N230	Z-15.0;	
N240	G01 X20.0 F0.05;	
N250	G00 X26.0;	
N260	Z150;	
N270	T0303 M03 S500;	换3号刀具,主轴正转
N280	X26.0 Z4.0;	
N290	G92 X23.1 Z-13.0 F2.0;	
N300	X22.5;	
N310	X21.9;	
N320	X21.5;	
N330	X21.4;	
N340	X21.4;	
N350	G00 X100.0 Z80.0;	
N360	M05;	
N370	M30;	程序结束

巩固与提高

编程题

1. 图 10-4 所示零件由直径为 φ42mm 长度为 200mm 圆棒料切削而成,试用 FANUC 系统编写综合件的加工程序。

要求：1）填写刀具卡；2）标出加工原点及坐标系；3）编写程序。

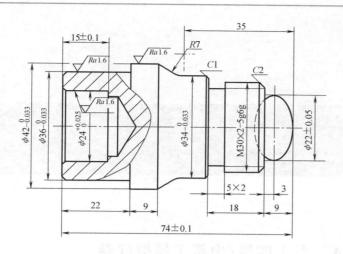

技术要求

1. 曲面光滑连接。
2. 未注倒角C1,锐边倒角C0.3。
3. 其余表面: $Ra\, 3.2\,\mu m$。
4. 未注尺寸公差按IT12。

图 10-4　综合件零件图

2. 图 10-5 所示两零件由直径为 $\phi 55mm \times 140mm$ 圆棒料切削而成，要求加工零件，配合后满足装配图要求试用 FANUC 系统编写组合件的加工程序。

要求：1）填写刀具卡；2）标出加工原点及坐标系；3）编写程序。

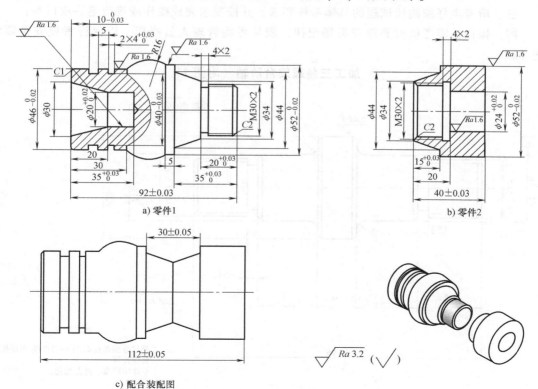

图 10-5　组合件零件图

附　录

附录A　车工四级/中级工模拟试卷

四级/中级工模拟试卷1

注　意　事　项

一、本试卷依据2019年颁布的《车工四级/中级工》国家职业技能标准命制；

二、本试卷试题如无特别注明，则为全国通用；

三、请考生仔细阅读试题的具体考核要求，并按要求完成操作或进行笔答或口答；

四、操作技能考核时要遵守考场纪律，服从考场管理人员指挥，以保证考核安全顺利进行。

加工三角螺纹台阶轴（附图1）

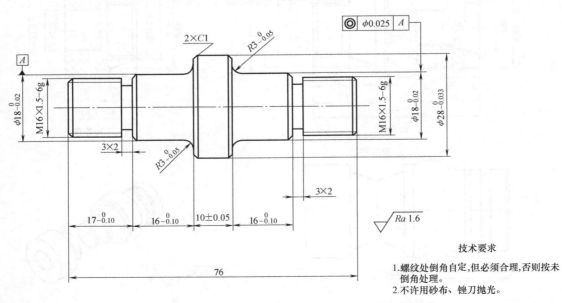

技术要求

1. 螺纹处倒角自定,但必须合理,否则按未倒角处理。
2. 不许用砂布、锉刀抛光。

附图1　三角螺纹台阶轴零件图

（1）本题分值：100 分

（2）考核时间：240 分钟

（3）具体考核要求

1）现场笔试：制订工艺及编程（附表 1）

附表 1　三角螺纹台阶轴工艺简卡　　　　　　　　　（25 分）

职业	车工	考核等级		姓名：		得分	
	数控车床工艺简卡			准考证号			
工序名称及加工程序号	工艺简图 （标明定位、装夹位置） （标明程序原点和对刀点位置）			工步序号及内容			选用刀具
监考人		检验员		考评人：			

2）现场操作。

① 工具、夹具的使用。

② 设备的维护保养。

③ 数控车床规范操作。

④ 精度检验及误差分析。

车工四级/中级工操作技能考核评分记录表

三角螺纹台阶轴

（1）现场操作规范评分表（附表 2）

附表 2　三角螺纹台阶轴现场操作规范评分表

序号	项目	考核内容	配分	评分标准	得分
1	现场操作规范	工具、量具的正确使用	2	每处不当扣 1 分,扣完为止	
2		正确操作设备,加工完成后设备的清理和保养	2	每处不当扣 1 分,扣完为止	
3		工件表面无磕碰、夹伤、毛刺、尖角	4	工件表面有磕碰、夹伤、毛刺扣 3 分;有尖角扣 1 分	
4		安全文明生产	2	违反安全操作、劳动保护规定不得分	
合计			10		

否定项:严重违反工艺原则和情节严重的野蛮操作,违反操作规程造成人身和设备安全事故等,由监考人员根据现场实际情况扣该项目全部分或直接取消其考试资格

评分人:　　年　月　日　　　　　　　　　　　　　　　　核分人:　　年　月　日

（2）工序制订及编程评分表（附表3）

附表 3　三角螺纹台阶轴工序制订和编程评分表

序号	项目	考核内容	配分	评分标准	得分
1	工序制订	工序制订合理	5	工序划分不合理扣 1~2 分;工艺线路不合理扣 1~2 分;关键工序错误不得分	
		选择刀具正确	5	刀具选择错误每处扣 1 分,扣完为止	
2	程序编制	指令正确、程序完整	5	指令不正确扣 3 分;程序不完整扣 2 分	
		程序格式正确,符合工艺要求	5	程序格式不正确扣 2 分,不符合工艺要求扣 3 分	
		运用刀具补偿功能	5	每处不当扣 1 分,扣完为止	
		数值计算正确,简化计算和加工程序	5	每处不当扣 1 分,扣完为止	
合计			30		

评分人:　　年　月　日　　　　　　　　　　　　　　　　核分人:　　年　月　日

（3）工件质量评分表（附表4）

附表 4　三角螺纹台阶轴工件质量评分表

序号	考核项目	考核内容及要求	配分	评分标准	检测结果	得分
1	外圆	$\phi 28_{-0.033}^{0}$ mm	4	超差 0.01mm 扣 2 分;超差 0.02mm 以上不得分		
			2	降级不得分		
		$\phi 18_{-0.02}^{0}$ mm(2 处)	8	每处不合格扣 4 分,超差不得分		
			2	每处不合格扣 1 分		
2	圆弧	$R 3_{-0.05}^{0}$ mm	6	样板检测超差不得分		

（续）

序号	考核项目	考核内容及要求	配分	评分标准	检测结果	得分
3	外螺纹	M16×1.5-6g（2 处）	10	每处不合格扣 5 分		
			6	每处不合格扣 3 分		
4	长度	76mm	2	超差不得分		
		10±0.05mm	2	超差不得分		
		$17_{-0.10}^{0}$（2 处）	4	每处超差 0.1mm 扣 2 分		
5	槽	3mm×2mm（2 处）	5	每处超差 0.1mm 扣 2 分		
6	倒角	C1（2 处）	5	每处超差扣 2 分		
7	几何公差	◎ ϕ0.025mm A	4	超差不得分		
合计			60			

否定项:发生重大事故(人身和设备安全事故)、违反工艺原则、野蛮操作造成严重后果的,本次考试成绩为零分

评分人：　　年　月　日　　　　　　　　　　　　　　　　　核分人：　　年　月　日

四级/中级工模拟试卷 2

注 意 事 项

一、本试卷依据 2019 年颁布的《车工四级/中级工》国家职业技能标准命制；

二、本试卷试题如无特别注明，则为全国通用；

三、请考生仔细阅读试题的具体考核要求，并按要求完成操作或进行笔答或口答；

四、操作技能考核时要遵守考场纪律，服从考场管理人员指挥，以保证考核安全顺利进行。

加工三角螺纹台阶套（附图 2）

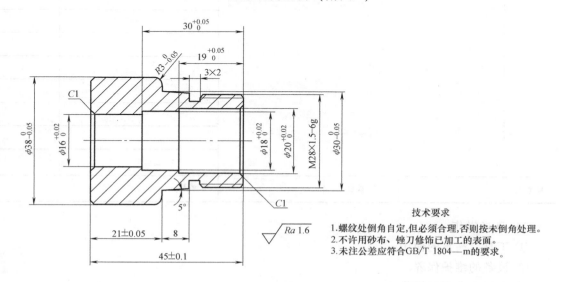

技术要求
1.螺纹处倒角自定,但必须合理,否则按未倒角处理。
2.不许用砂布、锉刀修饰已加工的表面。
3.未注公差应符合GB/T 1804—m的要求。

附图 2　三角螺纹台阶套零件图

（1）本题分值：100分

（2）考核时间：240分钟

（3）具体考核要求

1）现场笔试：制订工艺及编程（附表5）

附表5 三角螺纹台阶套工艺简卡 （25分）

职业	车工	考核等级		姓名：	得分	
数控车床工艺简卡				准考证号		
工序名称及加工程序号	工艺简图 （标明定位、装夹位置） （标明程序原点和对刀点位置）			工步序号及内容		选用刀具
监考人		检验员		考评人：		

2）现场操作：

① 工具、夹具的使用。

② 设备的维护保养。

③ 数控车床规范操作。

④ 精度检验及误差分析。

车工四级/中级工操作技能考核评分记录表

三角螺纹台阶套

（1）现场操作规范评分表（附表6）

附表6　三角螺纹台阶套现场操作规范评分表

序号	项目	考核内容	配分	评分标准	得分
1	现场操作规范	工具、量具的正确使用	2	每处不当扣1分,扣完为止	
2		正确操作设备,加工完成后设备的清理和保养	2	每处不当扣1分,扣完为止	
3		工件表面无磕碰、夹伤、毛刺、尖角	4	工件表面有磕、碰、夹伤、毛刺扣3分;有尖角扣1分	
4		安全文明生产	2	违反安全操作、劳动保护规定不得分	
合计			10		

否定项:严重违反工艺原则和情节严重的野蛮操作,违反操作规程造成人身和设备安全事故等,由监考人员根据现场实际情况扣该项目全部分或直接取消其考试资格

评分人:　　　年　月　日　　　　　　　　　　　　　　　　　核分人:　　　年　月　日

（2）工序制订及编程评分表（附表7）

附表7　三角螺纹台阶套工序制订及编程评分表

序号	项目	考核内容	配分	评分标准	得分
1	工序制订	工序制订合理	5	工序划分不合理扣1~2分;工艺线路不合理扣1~2分;关键工序错误不得分	
		选择刀具正确	5	刀具选择错误每处扣1分,扣完为止	
2	程序编制	指令正确、程序完整	5	指令不正确扣3分;程序不完整扣2分	
		程序格式正确,符合工艺要求	5	程序格式不正确扣2分,不符合工艺要求扣3分	
		运用刀尖圆弧半径和长度补偿功能	5	每处不当扣1分,扣完为止	
		数值计算正确,简化计算和加工程序	5	每处不当扣1分,扣完为止	
合计			30		

评分人:　　　年　月　日　　　　　　　　　　　　　　　　　核分人:　　　年　月　日

（3）工件质量评分表（附表8）

附表8　三角螺纹台阶套工件质量评分表

序号	考核项目	考核内容及要求	配分	评分标准	检测结果	得分
1	外圆	$\phi38_{-0.05}^{0}$ mm	4	超差0.01mm扣2分;超差0.02mm以上不得分		
			2	降级不得分		

（续）

序号	考核项目	考核内容及要求	配分	评分标准	检测结果	得分
1	外圆	$\phi30_{-0.05}^{0}$mm	4	超差不得分		
			2	降级不得分		
2	圆弧	$R3_{-0.05}^{0}$mm	3	样板检测超差不得分		
3	外螺纹	M28×1.5-6g	5	不合格不得分		
			2	降级不得分		
4	长度	45±0.1mm	2	超差不得分		
		$30_{0}^{+0.05}$mm	4	超差0.01mm扣1分；超差0.02mm不得分		
		$19_{0}^{+0.05}$mm	4	超差0.01mm扣1分；超差0.02mm不得分		
		21±0.05mm	4	超差不得分		
5	槽	3mm×2mm	2	超差0.1mm扣2分		
6	倒角	C1（2处）	4	每处超差扣2分		
7	内径	$\phi16_{0}^{+0.02}$mm	4	超差0.01mm扣2分；扣完为止		
			2	降级不得分		
		$\phi18_{0}^{+0.02}$mm	4	超差0.01mm扣2分；扣完为止		
			2	降级不得分		
		$\phi20_{0}^{+0.02}$mm	4	超差0.01mm扣2分；扣完为止		
			2	降级不得分		
合计			60			

否定项：发生重大事故（人身和设备安全事故）、违反工艺原则、野蛮操作造成严重后果的，本次考试成绩为零分。

评分人： 年 月 日 核分人： 年 月 日

附录B 车工三级/高级工模拟试卷

三级/高级工模拟试卷1

一、考核要求

1. 考核时间：300分钟

2. 具体考核要求：

（1）按零件图样完成加工操作

（2）填写数控车床加工工艺简卡和程序清单

3. 零件图（附图3）

4. 零件材料：45钢

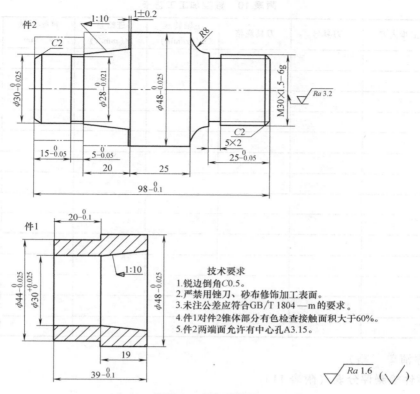

技术要求
1. 锐边倒角C0.5。
2. 严禁用锉刀、砂布修饰加工表面。
3. 未注公差应符合GB/T 1804 —m 的要求。
4. 件1对件2锥体部分有色检查接触面积大于60%。
5. 件2两端面允许有中心孔A3.15。

$\sqrt{Ra\,1.6}$ ($\sqrt{}$)

附图3 配合零件图

二、数控车床加工工艺简卡和程序清单

1. 数控车床加工刀具卡（附表9）、工艺卡（附表10）

附表9 数控加工刀具卡

序号	刀具号	加工表面	刀尖圆弧半径/mm	备注

附表 10　数控加工工艺卡

工步号	工步内容	刀具号	刀具规格	主轴转速 $n/(\text{r/min})$	进给量 $f/(\text{mm/r})$	背吃刀量 a_{p}/mm	备注

2. 程序清单（略）

三、零件检测评分表（附表 11）

附表 11　检测评分表

序号	考核项目	考核内容及要求	配分	评分标准	检测结果	扣分	得分
1	工艺分析	(1)刀具选择不合理 (2)加工顺序不合理 (3)关键工序错误 (4)切削参数不合理	10	每一项不合格酌情扣 1~2 分。扣完为止			
2	程序编制	(1)指令正确,程序完整 (2)运用刀尖圆弧半径和长度补偿功能 (3)数值计算正确、程序编写表现出一定的技巧,简化计算和加工程序	15	每一项不合格酌情扣 1~5 分。扣完为止			
3	数控车床规范操作	(1)开机前的检查和开机顺序正确 (2)机床回参考点 (3)正确对刀,建立工件坐标系 (4)正确设置参数 (5)正确仿真校验	20	每一项不合格酌情扣 2~4 分。扣完为止			

（续）

序号	考核项目		考核内容及要求	配分	评分标准	检测结果	扣分	得分
4	件2	外圆	$\phi 30_{-0.025}^{0}$ mm	3	超差 0.01mm 扣 1 分			
				1	降一级扣 0.5 分			
			$\phi 28_{-0.021}^{0}$ mm	3	超差 0.01mm 扣 1 分			
				1	降一级扣 0.5 分			
			$\phi 48_{-0.025}^{0}$ mm	3	超差 0.01mm 扣 1 分			
				1	降一级扣 0.5 分			
5		成形面	$R8$mm	1	超差不得分			
				1	降一级扣 0.5 分			
6		外螺纹	M30×1.5-6g	3	不合格不得分			
				1	降一级扣 1 分			
7		长度	$15_{-0.05}^{0}$ mm	2	超差 0.01mm 扣 1 分			
8			$5_{-0.05}^{0}$ mm	2	超差 0.01mm 扣 1 分			
9			$25_{-0.05}^{0}$ mm	2	超差 0.01mm 扣 1 分			
10			$98_{-0.1}^{0}$ mm	2	超差不得分			
11			25mm	1	超差不得分			
12		锥度	1：10	3	超差不得分			
13	件1	外圆	$\phi 48_{-0.025}^{0}$ mm	3	超差 0.01mm 扣 1 分			
				1	降一级扣 0.5 分			
14		内孔	$\phi 30_{0}^{+0.025}$ mm	3	超差 0.01mm 扣 1 分			
				1	降一级扣 0.5 分			
15		长度	$20_{-0.1}^{0}$ mm	1	超差不得分			
			$39_{-0.1}^{0}$ mm	1	超差不得分			
			19mm	3	超差不得分			
16		配合		6	接触面积小于 30% 不得分；接触面积 30% ~ 50% 得 2.5 分			
17		安全文明生产	(1)着装规范，未受伤 (2)刀具、工具、量具放置规范 (3)工件装夹、刀具安装规范 (4)正确使用量具 (5)卫生、设备保养 (6)关机后机床停放位置合理	6	每一项不合格酌情扣 1 分。扣完为止			
18		否定项	发生重大事故(人身和设备安全事故等)、严重违反工艺原则和情节严重的野蛮操作等，由监考人决定取消其实操考核资格					
额定时间				实际加工时间		总得分		

检验员：　　　　　　记录员：　　　　　　　　　　　考评员：

三级/高级工模拟试题 2

一、考核要求

1. 考核时间：300 分钟

2. 具体考核要求：

（1）按零件图样完成加工操作

（2）填写数控车床加工工艺简卡和程序清单

3. 零件图（附图 4）

4. 零件材料：45 钢

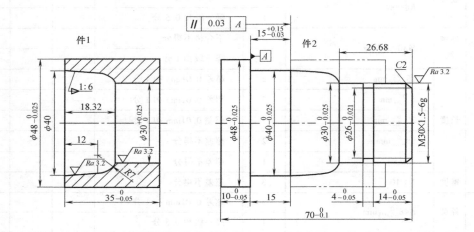

技术要求
1. 锐边倒角C1.5。
2. 严禁用锉刀、砂布修饰加工表面。
3. 未注公差应符合GB/T 1804—m的要求。
4. 涂色检查圆弧孔和锥孔各自接触面积不得小于60%。
5. 锥面与圆弧孔过渡光滑。

附图 4　配合零件图

二、数控车床加工工艺简卡和程序清单

1. 数控车床加工刀具、工艺卡片（略）

2. 程序清单（略）

三、零件检测评分表（附表 12）

附表 12　检测评分表

序号	考核项目	考核内容及要求	配分	评分标准	检测结果	扣分	得分
1	工艺分析	（1）刀具选择不合理 （2）加工顺序不合理 （3）关键工序错误 （4）切削参数不合理	10	每一项不合格酌情扣 1～2分。扣完为止			

（续）

序号	考核项目		考核内容及要求	配分	评分标准	检测结果	扣分	得分
2	程序编制		（1）指令正确,程序完整 （2）运用刀尖圆弧半径和长度补偿功能 （3）数值计算正确、程序编写表现出一定的技巧,简化计算和加工程序	15	每一项不合格酌情扣 1~5 分。扣完为止			
3	数控车床规范操作		（1）开机前的检查和开机顺序正确 （2）机床回参考点 （3）正确对刀,建立工件坐标系 （4）正确设置参数 （5）正确仿真校验	20	每一项不合格酌情扣 2~4 分。扣完为止			
4	件 2	外圆	$\phi48_{-0.025}^{0}$ mm	3	超差 0.01mm 扣 1 分			
				1	降一级扣 0.5 分			
			$\phi40_{-0.025}^{0}$ mm	3	超差 0.01mm 扣 1 分			
				1	降一级扣 0.5 分			
			$\phi30_{-0.025}^{0}$ mm	3	超差 0.01mm 扣 1 分			
				1	降一级扣 0.5 分			
5		成形面	$R7$mm	2	超差不得分			
				1	降一级扣 0.5 分			
6		外螺纹	M30×1.5-6g	3	不合格不得分			
				1	降一级扣 1 分			
7		长度	$14_{-0.05}^{0}$ mm	2	超差 0.01mm 扣 1 分			
8			$4_{-0.05}^{0}$ mm	2	超差 0.01mm 扣 1 分			
9			$10_{-0.05}^{0}$ mm	2	超差 0.01mm 扣 1 分			
10			$70_{-0.1}^{0}$ mm	1	超差不得分			
			$15_{-0.03}^{+0.15}$	3	超差不得分			
11	件 1	锥度	1:6	3	超差不得分			
12		外圆	$\phi48_{-0.025}^{0}$ mm	3	超差 0.01mm 扣 1 分			
				1	降一级扣 0.5 分			
13		内孔	$\phi30_{0}^{+0.025}$ mm	3	超差 0.01mm 扣 1 分			
				1	降一级扣 0.5 分			
14		长度	$35_{-0.05}^{0}$ mm	3	超差不得分			
15		配合		6	接触面积小于 30% 不得分; 接触面积 30%~50% 得 4 分			

（续）

序号	考核项目	考核内容及要求	配分	评分标准	检测结果	扣分	得分
16	安全文明生产	（1）着装规范，未受伤 （2）刀具、工具、量具放置规范 （3）工件装夹、刀具安装规范 （4）正确使用量具 （5）卫生、设备保养 （6）关机后机床停放位置合理	6	每一项不合格酌情扣1分。扣完为止			
17	否定项	发生重大事故(人身和设备安全事故等)、严重违反工艺原则和情节严重的野蛮操作等，由监考人决定取消其实操考核资格					
额定时间			实际加工时间			总得分	

检验员：　　　　　　记录员：　　　　　　　　　　考评员：

参 考 文 献

[1] 李银涛. 数控车编程与职业技能鉴定实训 [M]. 北京：化学工业出版社，2009.

[2] 霍苏萍. 数控加工编程与操作 [M]. 北京：人民邮电出版社，2007.

[3] 陈天翔. 数控加工技术及编程实训 [M]. 北京：清华大学出版社，2005.

[4] 刘雄伟. 数控机床操作与编程培训教材 [M]. 北京：机械工业出版社，2001.

[5] 李洪智. 数控加工实训教程 [M]. 北京：机械工业出版社，2005.

[6] 詹华西. 数控加工与编程 [M]. 西安：西安电子科技大学出版社，2004.

[7] 严帅. 数控车加工技术 [M]. 上海：上海科学技术出版社，2011.

[8] 刘宏军. 模具数控加工技术 [M]. 2 版. 大连：大连理工大学出版社，2010.

[9] 华茂发. 数控机床加工工艺 [M]. 北京：机械工业出版社，2000.

[10] 周 济. 数控加工技术 [M]. 北京：国防工业出版社，2003.

[11] 滕宏春. 机床数控技术应用 [M]. 北京：机械工业出版社，2000.

[12] 倪春杰. 数控车技能鉴定培训教程 [M]. 北京：化学工业出版社，2009.

[13] 张璐青. 数控车床操作工（中、高级）[M]. 北京：化学工业出版社，2009.

[14] 陈建军. 数控车编程与操作 [M]. 北京. 北京理工大学出版社，2007.

[15] 周虹. 数控机床操作工职业技能鉴定指导 [M]. 北京. 人民邮电出版社，2008.

[16] 林秀朋. 数控车编程与实训教程 [M]. 北京. 电子工业出版社，2010.

[17] 韩鸿鸾，高小林. 数控车削加工一体化教程 [M]. 北京：机械工业出版社，2012.

[18] 刘万菊. 数控车削技能实训 [M]. 北京：机械工业出版社，2010.

[19] 张宁菊. 数控车削编程与加工 [M]. 北京：机械工业出版社，2015.

[20] 周兰. 数控车削编程与加工 [M]. 北京：机械工业出版社，2010.